涂料配方设计与制备

舒 友 林红卫 主编

西南交通大学出版社
·成都·

图书在版编目（ＣＩＰ）数据

涂料配方设计与制备 / 舒友，林红卫主编. —成都：
西南交通大学出版社，2014.8（2017.8 重印）
ISBN 978-7-5643-3373-7

Ⅰ . ①涂… Ⅱ . ①舒… ②林… Ⅲ . ①涂料－配方
Ⅳ . ①TQ630.6

中国版本图书馆 CIP 数据核字（2014）第 197647 号

涂料配方设计与制备

舒 友　林红卫　主编

责 任 编 辑	牛 君
封 面 设 计	米迦设计工作室
	西南交通大学出版社
出 版 发 行	（四川省成都市二环路北一段 111 号
	西南交通大学创新大厦 21 楼）
发 行 部 电 话	028-87600564　028-87600533
邮 政 编 码	610031
网　　　址	http://www.xnjdcbs.com
印　　　刷	成都中铁二局永经堂印务有限责任公司
成 品 尺 寸	185 mm × 260 mm
印　　　张	10.5
字　　　数	261 千字
版　　　次	2014 年 8 月第 1 版
印　　　次	2017 年 8 月第 2 次
书　　　号	ISBN 978-7-5643-3373-7
定　　　价	22.00 元

前　言

涂料主要由树脂、溶剂、颜料和助剂四大部分组成，是一种应用十分广泛的精细化学品，涉及日常生活、国民经济及国防建设等多个领域。随着科技的迅速发展及人们对保护环境和节约能源意识的加强，涂料正由通用型向功能型、绿色型和低碳型的方向转型和发展。

本书简明扼要地介绍了涂料配方设计的基本概念和涂料施工方法，着重介绍了各种不同树脂涂料的制备和配方原则。在编写过程中，力求系统性、简要性和实用性，并结合涂料生产配方实例，努力从中总结和归纳出配方设计的思路和原则，希望有助读者在现有涂料品种改性以及新型涂料设计时能正确选择树脂、溶剂、颜料和助剂。本书注重理论与实践结合，可供广大涂料使用、生产、研发相关人员和高校涂料相关专业师生参考。

本书共分 13 章，分别为绪论、涂料配方设计的基本概念、醇酸树脂涂料、丙烯酸树脂涂料、聚氨酯树脂涂料、环氧树脂涂料、氨基树脂涂料、高固体分涂料、粉末涂料、水性涂料、有机硅树脂涂料、氟碳树脂涂料和涂料施工方法。

本书由 2 位作者共同编写，第 1、2、5、8、13 章由怀化学院林红卫编写，其他由怀化学院舒友编写。夏通衍和郝敏在本书的整理与校对过程中做了大量的工作，在此一并致谢。

由于编者水平有限，书中疏漏和错误之处在所难免，真诚欢迎专家学者和广大读者批评指正。

编　者

2014 年 7 月

目 录

1 绪 论 ·· 1
　1.1 涂料发展概况 ··· 1
　1.2 涂料的作用 ·· 1
　1.3 涂料的组成 ·· 2
　1.4 涂料的分类及命名 ··· 2

2 涂料配方设计的基本概念 ··· 6
　2.1 颜料加入量 ·· 6
　2.2 颜色分散 ··· 7
　2.3 颜色工艺学 ·· 9
　2.4 溶 剂 ·· 11
　2.5 黏 度 ·· 13

3 醇酸树脂涂料 ··· 15
　3.1 醇酸树脂概述 ··· 15
　3.2 合成醇酸树脂所用原料 ··· 16
　3.3 醇酸树脂的合成原理 ··· 17
　3.4 醇酸树脂的配方设计及制备工艺 ·· 19

4 丙烯酸树脂涂料 ··· 26
　4.1 合成丙烯酸树脂原料的选择 ·· 26
　4.2 溶液型丙烯酸树脂及其涂料配方设计 ····································· 29
　4.3 水性丙烯酸树脂及其涂料配方设计 ·· 32

5 聚氨酯树脂涂料 ··· 35
　5.1 原料的性能及选择 ··· 35
　5.2 聚氨酯树脂的种类与性能 ··· 37
　5.3 单组分聚氨酯涂料的配方设计及制备 ······································ 41
　5.4 双组分聚氨酯涂料的配方设计及制备 ······································ 46
　5.5 聚氨酯互穿网络聚合物涂料 ·· 52

6 环氧树脂涂料 ··· 54
　6.1 环氧树脂的类型 ·· 55
　6.2 环氧树脂的重要质量指标 ··· 57
　6.3 环氧树脂固化剂及固化机理 ·· 58
　6.4 原料的选择 ·· 62
　6.5 溶剂型环氧树脂涂料 ··· 69
　6.6 无溶剂型环氧树脂涂料 ·· 74

7 氨基树脂涂料 ·· 77
  7.1 脲醛树脂 ·· 77
  7.2 三聚氰胺甲醛树脂 ·· 78
  7.3 氨基树脂在涂料中的应用 ·· 82

8 高固体分涂料 ·· 86
  8.1 高固体分涂料的配方设计基础 ······································ 87
  8.2 丙烯酸树脂高固体分涂料 ·· 91
  8.3 聚氨酯高固体分涂料 ·· 94
  8.4 高固体分涂料的涂膜缺陷 ·· 97

9 粉末涂料 ·· 99
  9.1 粉末涂料的特点 ·· 99
  9.2 影响粉末涂料性能的因素 ·· 100
  9.3 粉末涂料的制备 ·· 107
  9.4 热塑性粉末涂料 ·· 108
  9.5 热固性粉末涂料 ·· 111

10 水性涂料 ·· 118
  10.1 水稀释性树脂及其涂料配方设计 ··································· 118
  10.2 乳胶漆 ·· 125

11 有机硅树脂涂料 ·· 133
  11.1 硅树脂的结构 ·· 133
  11.2 有机硅树脂的固化机理 ·· 133
  11.3 有机硅树脂的制备工艺 ·· 134
  11.4 有机硅树脂的配方设计 ·· 137
  11.5 有机硅树脂的改性 ·· 139

12 氟碳树脂涂料 ·· 143
  12.1 Teflon 系列含氟聚合物及涂料 ···································· 143
  12.2 PVDF 含氟聚合物及涂料 ·· 143
  12.3 FEVE 树脂及其涂料 ·· 145

13 涂料施工方法 ·· 150
  13.1 手工施工方法 ·· 150
  13.2 喷 涂 ·· 151
  13.3 喷漆室 ·· 159
  13.4 其他机械施工方法 ·· 160

主要参考文献 ·· 161

1 绪 论

1.1 涂料发展概况

涂料发展的历史可以追溯到原始社会。我国是最早使用涂料的国家之一，历代的漆器已成为我国古代文明的象征。但当时主要是以虫胶、大漆为基础的天然树脂作为涂料的原料。到 20 世纪初，随着科学技术的进步，合成树脂开始应用于涂料生产。20 世纪 30 年代前后，醇酸树脂开始工业化生产，有力地促进了涂料工业的发展，但是，直到 20 世纪 50～60 年代，涂料工业的原料才转向石油化工产品。随着市场需要的增加和技术的进步，涂料工业也得到迅速的发展。

与此同时，涂料工业在品种结构上正在发生变化，即合成树脂涂料的比例上升。在合成树脂内部，形成了以醇酸、丙烯酸、乙烯基、环氧和聚氨酯树脂为主体的系列化合成树脂涂料。涂料品种也正朝着高质量、高效能、专用型和功能型方向发展。其耗能型、溶剂型涂料也朝着节能型、水性、高固体分、非水分散、低污染型和粉末涂料方向发展。总而言之，涂料的发展历经了天然成膜物质的使用、涂料工业的形成及合成树脂涂料的生产 3 个阶段，涂料市场正朝着更适应环境的技术，尤其是水性、高固体分、辐射固化和粉末涂料方向发展。

1.2 涂料的作用

涂料的作用主要可概括为以下几个方面：

1）保护作用

物件暴露在大气中，总是受到光、水分、氧气及空气中的其他气体（如 CO_2、NO、H_2S 等）以及酸、碱、盐水溶液和有机溶剂等的侵蚀，造成金属腐蚀、木材腐朽、水泥风化等破坏现象。在物件表面涂上涂料，形成一层保护膜，可使物件免受侵蚀，使材料的寿命得以延长。

2）装饰作用

在被涂物件表面涂上涂料，形成具有不同颜色、不同光泽和不同质感的涂膜，可以得到五光十色、绚丽多彩的外观，起到美化环境、美化人们生活的作用，例如，大家熟悉的建筑物的内外墙涂料、汽车涂料等。

3）特殊功能作用

涂料经过适当的配方设计，可以得到具有特殊功能的涂膜，如防水涂料、导电涂料、绝缘涂料、静电屏蔽涂料、防辐射涂料、隔热涂料、防污涂料、不粘涂料、示温涂料等。

1.3 涂料的组成

涂料的组成可分为成膜物质、溶剂、颜料、助剂 4 部分。

（1）成膜物质又称基料，是使涂料牢固附着于被涂物表面上、形成连续薄膜的主要物质，是构成涂料的基础，决定涂料的基本性质。它既可以是热塑性树脂，也可以是热固性树脂。常用作成膜物质的树脂有醇酸/聚酯树脂、酚醛/氨基树脂、环氧树脂、聚氨酯树脂、丙烯酸树脂、乙烯基树脂、纤维素类树脂、天然及合成橡胶类。由于不同的树脂具有不同的化学结构，其化学、物理性质和机械性能各异，有的耐候性好，有的耐溶剂性好或机械性能好，因此其应用范围也不同。

（2）溶剂包括有机溶剂和水。主要作用是使基料溶解或分散成为黏稠的液体，以便涂料的施工。在涂料的施工过程中和施工完毕后，这些有机溶剂和水挥发，使基料干燥成膜。溶剂的选用除考虑其对基料的相溶性或分散性外，还需要注意其挥发性、毒性、闪点及价格等。一个涂料品种既可以使用单一溶剂，又可以使用混合溶剂。常将基料和挥发分的混合物称为漆料。

（3）颜料为分散在漆料中的不溶的微细固体颗粒，分为着色颜料和体质颜料。主要用于着色、提供保护、装饰以及降低成本等。

（4）助剂用量很少，主要用来改善涂料某一方面的性能，如消泡剂、分散剂、乳化剂、润湿剂等用来改善涂料生产过程中的性能；防沉剂、防结皮剂等用来改善涂料的贮存稳定性等；流平剂、增稠剂、防流挂剂、成膜助剂、固化剂、催干剂等用来改善涂料的施工性和成膜性等；防霉剂、UV 吸收剂、阻燃剂、防静电剂等用来改善涂膜的某些特殊性能。

1.4 涂料的分类及命名

1）分 类

常用的涂料分类方法主要有以下几种：

（1）根据主要成膜物质分类，这是目前国内广泛采用的分类方法，详见表 1.1。

表 1.1 涂料分类

序号	代号（汉语拼音）	涂料类别	主要成膜物质
1	Y	油脂漆类	天然植物油、动物油、合成油
2	T	天然树脂漆类	松香及其衍生物、虫胶、乳酪素、动物胶、大漆及其衍生物
3	F	酚醛树脂漆类	酚醛树脂、改性酚醛树脂、二甲苯树脂等
4	L	沥青漆类	天然沥青、煤焦沥青、石油沥青等
5	C	醇酸树脂漆类	甘油醇酸树脂、季戊四醇醇酸树脂以及其他醇酸树脂
6	A	氨基树脂漆类	尿醛树脂、三聚氰胺甲醛树脂等
7	Q	硝基漆类	硝酸纤维素、改性硝酸纤维素
8	M	纤维素漆类	醋酸纤维素、乙基纤维素、羟甲基纤维素、醋酸丁酸纤维素等
9	G	过氯乙烯漆类	过氯乙烯树脂、改性过氯乙烯树脂
10	X	乙烯漆类	氯乙烯共聚物、聚醋酸乙烯及其共聚物、聚乙烯醇缩醛等
11	B	丙烯酸类	丙烯酸树脂、丙烯酸共聚树脂及其改性树脂
12	Z	聚酯漆类	饱和聚酯及不饱和聚酯
13	H	环氧树脂漆类	环氧树脂及改性环氧树脂
14	S	聚氨酯漆类	聚氨基甲酸酯等
15	W	元素有机漆类	有机硅树脂、有机钛树脂、有机铝树脂等
16	J	橡胶漆类	天然橡胶及其衍生物、合成橡胶及其衍生物
17	E	其他漆类	无机高分子、聚苯胺、聚酰亚胺等

（2）根据涂料或成膜物质的性状、形态来分类，如乳液涂料、溶液涂料、粉末涂料、多彩涂料、双组分涂料等。

（3）根据涂膜的特殊功能来分类，如防腐涂料、防锈涂料、防污涂料、防霉涂料、耐热涂料、电绝缘涂料、防火涂料、荧光涂料等。

（4）根据被涂物来分类，如建筑用涂料、汽车用涂料、船舶用涂料、木制品用涂料等。

（5）根据涂装方法来分类，如刷涂涂料、电泳涂料、烘涂涂料、流态床涂装涂料等。

还可以根据施工方法以及涂料中是否含有颜料等来进行分类。

2）命 名

涂料的命名原则有如下规定：

（1）涂料全名＝颜色或颜料名称＋成膜物质名称＋基本名称；

（2）若颜料对漆膜性能起显著作用，则用颜料名称代替颜色名称；

（3）对于某些有专门用途及特性的产品，必要时在成膜物质后面加以阐明。

涂料的组成和含义与其他工业产品一样，其型号是一种代表符号。涂料的型号由三个部分组成：

第一部分表示涂料类别（成膜物质），用汉语拼音字母表示；

第二部分是基本名称，用两位数字表示；

第三部分为序号，用自然数顺序表示，第二部分与第三部分之间用短线连接，把基本名称和序号分开。

例如，C04-2

其中，C 代表成膜物质（醇酸树脂），04 代表基本名称（磁漆），2 代表序号。

凡组成、性能、用途相同的涂料为同一型号，基本名称编号见表 1.2。

表 1.2　涂料基本名称代号

代号	基本名称	代号	基本名称	代号	基本名称
00	清油	22	木器漆	53	防锈漆
01	清漆	23	罐头漆	54	防油漆
02	厚漆	26	自行车漆	55	防水漆
03	调和漆	28	塑料用漆	60	防火漆
04	磁漆	30	（浸渍）绝缘漆	61	耐热漆
05	粉末涂料	32	（绝缘）磁漆	62	变色漆
06	底漆	34	漆包线漆	63	涂布漆
07	腻子	35	硅钢片漆	64	可剥漆
09	大漆	36	电容器漆	66	感光涂料
11	电泳漆	37	电阻、电位器漆	67	隔热涂料
12	乳胶漆	38	半导体漆	80	地板漆
13	其他水溶性漆	40	防污漆	81	渔网漆
14	透明漆	41	水线漆	82	锅炉漆
15	斑纹漆	43	船壳漆	83	烟囱漆
16	锤纹漆	44	船底漆	84	黑板漆
17	皱纹漆	46	油舱漆	90	汽车修补漆
18	裂纹漆	50	耐酸漆	93	集装箱漆
19	晶纹漆	51	耐碱漆	96	航空、航天用漆
20	铅笔漆	52	防腐漆	99	其他

　　辅助材料型号分两个部分，第一部分是种类，用汉语拼音的第一个字母表示；第二部分是序号，用自然数表示。辅助材料代号见表1.3，型号名称举例见表1.4。

表 1.3　辅助材料代号

序号	代号	辅助材料名称	序号	代号	辅助材料名称
1	X	稀释剂	4	T	脱漆剂
2	F	防潮剂	5	H	固化剂
3	G	催干剂			

表 1.4　型号名称举例

产品型号	产品名称	产品型号	产品名称
Q01-17	硝基清漆	H36-51	中绿环氧烘干电容器漆
A05-19	铝粉氨基烘漆	H-1	环氧漆固化剂

2 涂料配方设计的基本概念

2.1 颜料加入量

在讨论涂料配方时,采用颜料[①]和填料的体积分数要比采用其质量分数更方便实用,这是因为在涂料中采用的各种颜料、填料和基料的密度范围很宽。特别是了解涂料的颜料体积浓度,可使我们采用科学的方法进行涂料配方设计,从而也能解释试验数据。

虽然,有关涂料性能方面更精确的数据可通过研究颜料体积的影响而得到,但也有更简单的方法可以采用,即以颜料和不挥发基料之间的质量关系表示。这种关系被称为颜-基比。

2.1.1 颜-基比

当研究涂料中的颜料和基料间的质量关系时,其显著的优点是相对于体积关系,只需要初等数学运算,在配方设计的初始阶段,这是相当有用的。

在许多情况下,按涂料的颜-基比将涂料分类是可行的,而且涂料的大概性能也可由这一比例推知。当分析未知性能的涂料,以获得其基本组分的质量分数,即总的颜料量、基料固体量和溶剂量时,颜-基比就特别有用。

通常,面漆的颜-基比为(0.25~0.9):1.0,而底漆集中在(2.0~4.0):1.0。在混凝土砖石建筑上内用和外用的各种乳胶涂料也可按此分类,外用型的颜-基比为(2.0~4.0):1.0,而内用乳胶涂料则在(4.0~7.0):1的范围内。

高颜-基比的配方,一般不适于户外使用,因其需要极好的耐久性,在某些地方4:1的范围或许是这一指标的上限。这一点和颜料及基料类型无关,这是由于比较少量的基料不能在大量粒状物质周围形成连续基体膜的缘故。

2.1.2 颜料体积浓度(PVC)

颜-基比提供的信息总是有限的,特别是在对具有不同组成的涂料进行对比试验时,对

---

① 在本章中"颜料"一词指总的颜料,包括所加的填料。

颜料体积浓度的了解将对试验数据的解释提供更科学的方法，这是因为涂料的许多物理性能与其组成变化有一非常明确的对应关系。

颜料在干膜中所占的体积浓度称为颜料体积浓度（PVC）。颜料体积浓度可由下式求得：

$$PVC\,(\%) = \frac{颜料和填料的体积}{颜料和填料的体积 + 固体基料的体积} \times 100\%$$

这个数值对涂料的性质和性能就显得有一定的规律，如图 2.1 所示。由图可见，一些漆膜的性质和性能在一个特定的 PVC 时有一明显的转折，这个转折点的 PVC 值称为临界颜料体积浓度（CPVC）。

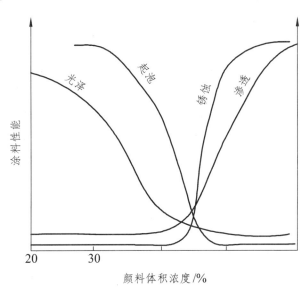

图 2.1　颜料体积浓度与涂料性能的关系

当 PVC 逐渐由小增大，被颜料颗粒吸附和填满颜料颗粒间空隙后，多余的成膜聚合物就逐渐减少，当成膜聚合物在干膜中刚刚足以供给吸附和填满空隙，此时的 PVC 就是涂膜性质和性能的转折点，称为临界颜料体积浓度（CPVC）。当颜料体积浓度超过 CPVC 时，成膜聚合物就不足以填满空隙，因而干膜中就出现空隙，就是这些空隙使图 2.1 上的一些性质和性能以及其他的性质和性能出现了转折，所以 CPVC 是色漆配方的重要参数之一。

配方中 CPVC 的数值会随所采用的颜料和填料的组合而变化，其中很重要的因素是基料润湿颜料的能力，以及颜料被润湿的难易程度。一般来说，易被润湿的颜料有助于降低配方的 CPVC，而黏合能力高的树脂往往会增加配方的 CPVC。颜料粒径和形状及其在涂料中的分布情况等因素对 CPVC 的值也有较大的影响。

2.2　颜色分散

在制漆时欲得最佳配方，最基本的要求之一，是将颜、填料有效地分散在基料之中。

因为涂料的许多性能取决于颜料的分散程度，所以分散过程在许多方面都是很重要的。颜料的分散会影响涂料的贮存稳定性和其他一些使用中很重要的特性，如涂膜的颜色、光泽，甚至耐久性。由于涂料制造的难易程度必须和生产目标相适应，因此在制造过程中，分散也是重要的；颜料分散得均一，明显有利于保持颜色的重复。此外，表面色漆在贮存过程中，颜料的重新聚集可以导致浮色和发花，即在干燥过程中，由于颜料组分的离析，往往在涂膜表面产生麻点。

2.2.1　分散机理

在涂料制造过程中，颜料在基料中的分散由确定的几步组成，但在制造过程中，这几步显然是同时发生的。

第一步，颜料表面被基料润湿，这是分散阶段最重要的一步，消耗的动力很大。其中包括用基料从颜料和填料粒子表面取代它们所吸附的气体和水分。

第二步，如果要最充分有效地利用颜料，必须将颜料粒子的聚集体打碎成单个粒子。

最后一步，要使已分开的单个颜料粒子保持稳定，以使其在贮存过程中不会再团聚。

体系的稳定必须克服颜料的团聚，要达到这一要求，既可以使颜料粒子表面带上电荷而相互排斥，也可以使其表面存在一吸附层，这样可阻止颜料粒子的紧密堆积。后一种稳定方式，主要用在溶剂型涂料体系中，而在水性涂料中这两种稳定机理可能同时存在。

2.2.2　表面活性剂

在色漆配制中可加入表面活性剂，以促进颜料与填料的润湿和稳定，这种表面活性剂也称为润湿剂。它们具有被颜料表面吸附的特性，因此可使分散过程易于完成。表面活性剂的加入量一般约为颜料总量的 1%，就能产生极大的特殊效果。

目前，按离子化特征来分类主要有如下 4 种表面活性剂：① 阴离子表面活性剂。在溶液中，其离子化表面全部带负电荷，如高级脂肪酸盐。② 阳离子表面活性剂。也能离子化，但其表面全部带正电荷，如季铵化合物。③ 非离子型表面活性剂。在溶液中不能离子化，最常见的是以环氧乙烷衍生物为基础的化合物，如烷基苯酚和环氧乙烷的缩合物。④ 两性物质。这是一类含有游离氨基和游离羧基的分子，在溶液中能离子化，可完全带正电荷或负电荷，这取决于溶液的 pH，如豆油卵磷脂。

对于特定涂料配方来说，要选择一种合适的表面活性剂，主要还是凭经验。因为这类物质具有高度的选择性。当然，赋予颜料表面的电荷和基料的电荷电性一致，可以增强体系的稳定性。倘若在聚合物和颜料表面的电荷电性相反，那么异性电荷的中和作用会引起体系不稳定和产生沉淀。

分散促进性：在许多情况下，没有必要采用特殊的表面活性剂来促进颜料的分散。大多数的颜料分散到某些基料，特别是油改性醇酸树脂中，都是比较容易的，这是因为这些聚合物含有促进润湿过程的成分。例如，在醇酸树脂中，由于有高极性的羧基和极性较低的羟基存在，它们都可促进润湿过程。这些基团的存在是引起基料具有酸值的原因，高酸值的醇酸树脂比低酸值的有更大的润湿颜料的能力。其他几种类型的基料也具有使颜料很好分散的能力，其大小取决于基料分子结构的极性。

此外，许多颜料在制造中都要进行表面性能的改性，这有助于将它们分散到漆料中。如果采用某些经表面处理过的颜料，只要使用一些低能耗的工艺方法，即可达到有效的分散，有时只要用简单的搅拌即可。但这种颜料的成本往往也比一般颜料高。

采用高黏度涂料可减少分散后颜料的团聚。这可降低颜料粒子再聚集的能力，尽管这不适于许多配方，但这种工艺方法仍能很好地用于乳胶涂料和某些溶剂型体系。

2.2.3　分散性的评价

有许多方法可用来评价色漆颜料浆的分散程度。其中不少方法采用了能提供粒径大小和分布数据的先进仪器。

在大多数生产用仪器中，应用了赫格曼细度计，不过这只是一种简单的设备，仅仅能提供已分散色浆中最大粒径的数据。使用赫格曼细度计时，取少量色漆漆浆放在细度计顶部，沿着逐渐变细的、已标定过的凹缝（一般的等级从 100 μm 到 10 μm 或 0 μm）刮下，然后斜向观察。已分散粒子从液体涂料中被挤压出来，以刻度为基准，用首先明显观察到粒子的刻度凹缝深度来表示分散的程度。一般来说，底漆或低光泽涂料如中间层或半光面漆，以及大多数乳胶涂料的最大粒径约为 5 μm。相反，有光装饰性面浆理应是"超标的"，也就是说，不应有粒子被观察到。

赫格曼细度计被广泛用于溶剂型涂料体系，不过用于乳胶涂料颜料浆时，如果在试验之前不用一部分乳液基料组分"兑稀"它们，结果将是不够令人满意的。

2.3　颜色工艺学

在许多情况下，需将色漆配制成满意的特定颜色，因此，这常常需要各种着色颜料的配合。

2.3.1　配　色

配色需要调整色漆的组成，以便和标准色一致。实际上，这包括配制一种色漆，以便在颜料分散之后所得到的颜色和标准色极为接近。然后，通过仔细地、逐步地将预分散的颜料加入色漆中，以使颜色符合所规定的标准。配色的最后一步既可由受过训练的人用眼睛来判断，也可用各种仪器方法来测量。

目视配色必须在标准照明条件下进行，在为此目的而设计的配色箱或配色橱中进行更为理想。配色橱内通常都装有不同类型的标准照明装置，以便能够检测条件等色现象，即物面

（一般指承载色漆涂膜的表面）的表观颜色可以随光源的性质而发生变化。例如，在太阳光下颜色已配制接近标准色，但在人工灯光下就和标准色出现差别。当混合各种与配制的标准色不同的颜料制备色漆时，这种现象通常更明显。条件等色不同的色漆有不同的光反射率；只有当颜料有同一光谱特征时，它们的颜色才能在各种类型的照明条件都是一致的，因此只有采用相同的颜料组合才能制备特定的色漆。

为了获得某一特定颜色，在组合颜料之前，与涂料性能有关的其他一些参数也必须测定。某些特性显然可从颜料的性质和化学结构方面的知识来推断；而另外一些性能却需要通过试验测定，这包括组合颜料的耐光性以及相互间是否产生有害的副反应。

2.3.2　表光和着色力

颜料的表光和着色力被认为是提供色感均匀性数据的特性。这两种特性的测试通常是在应用之前，作为每种颜料质量控制过程中的一部分进行的，在稍经改进后，这些试验也能用来提供为了获得给定色相所需颜料的量。

将某颜料和适当的基料制备成色浆，同时和规定的这种颜料的颜色标准对比，便可测得该颜料的表光。对于这项测定来说，重要的是基料和颜料的确定比例，同时也可采用类似的分散方法。用手工法进行分散操作，在玻璃板上用刮刀将颜料浆研开，也可采用自动研磨机。

着色颜料的着色力是它对标准色漆或颜料着色能力的一种量度。其测定方法和表光的测定相同，但要将已知量的着色颜料加入已知质量的白颜料或白漆中。了解颜料着色力的变化，可用来在制漆之前调整配方，很明显，在减少配色废弃率方面，这是一个重要因素。

采用稍加改进的方法，着色力试验可以用来指导制订合乎标准色时所需颜料的比率。然后，对所需颜料的质量乘上一个合适的因子，再对颜料浆进行配方。在生产过程中，颜色的变化往往比采用手工或研磨机分散所得到的颜色变化更大，因此，减少颜料的加入量是合理的，尤其是在采用高着色力的有机颜料时更是如此。

2.3.3　耐光性

耐光性是需要通过实验研究和测定的一种性能，它是指在紫外光作用下涂料的色稳定性。许多与颜料的性质及其相对比率和聚合物（或基料）组分有关的因素都可以改进耐光性，所以不可能给出颜料的额定稳定性。就一般而言，随着某种颜料和其他各种颜料合用从而愈加被冲淡时，该颜料的耐光性会降低，尤其是和白颜料拼用时更是如此。

2.3.4　稳定性

有许多现象可影响液体涂料在贮存、施工或使用过程中的色稳定性。其中许多需要在配方阶段进行实验测定。

颜料和配方中其他组分的混溶性是有限的，因此，会导致涂料在贮存期间变色。这些问题中，具有典型性的是含有硫化物的颜料，和含汞或铅的化合物相互之间的有害作用，这会导致发黑；当普鲁士蓝颜料和含有不饱和酸的基料一起应用时，所呈现的颜色也会消褪（但这种影响是暂时性的，当暴露在空气中时又会恢复到原来的颜色）。

在施工应用过程中，经常碰到的颜色变化是由于发花或与浮色有关的现象引起的。当涂料中的着色颜料的比重有显著差别时，可能出现这两种现象。在干燥过程中，由于溶剂的蒸发而在涂膜中产生的对流，会把低密度颜料带到表面来，这种作用称为浮色，而在面层呈现出受影响颜料的颜色；在低空气流的环境中，这种现象会更严重。相反的，沾有灰尘表面的颜色发花特征，更像是在涂膜表面的空气流动而引起的。

这两种现象都是团聚体系的特征，可以采用几种方法使这一现象减少，通常的方法为改变所选择的颜料和/或使用特定的表面活性剂。在比较黏稠的涂料配方中，一般也不易产生这些现象。

在涂料使用过程中，有几种因素可以引起颜色的不稳定，最常见的变化是日光和某些化学作用引起的。根据文献或通过试验，可以获得许多有关化学作用问题方面的知识，应将这些知识应用于配方阶段，最具有代表性的例子是由于二氧化硫大气对铬酸铅的还原作用，使其从黄色转变为白色，也可使铬绿转变为蓝色。

在含有二氧化钛颜料的中间色色相的涂料中，其颜色的变化可以归因于粉化。这种现象是在白色颜料和其基料相互之间产生的光化学作用而引起的，这种作用导致基料被逐渐破坏。这也使少量白色颜料逐渐迁移到涂膜的表面上，因此引起颜色变浅。采用锐钛型二氧化钛时会产生严重的粉化，因此它的应用受到极大的限制，只能用于内用涂料。金红石型二氧化钛粉化的速度相当慢，适于外用。

2.4　溶　剂

在颜料和基料确定之后，涂料配方的第三种主要组分是溶剂。溶剂是涂料的挥发性成分，它的重要作用在于控制液态涂料的黏度，从而提高其施工应用特性。此外，由于溶剂从已施工涂膜中挥发，所以溶剂或混合溶剂在控制和改善其干燥速度及流动特性方面有重要作用；对非转化型涂料的成膜过程也同样重要，而成膜过程又对涂膜的最终使用性能有重要影响。

除了这些明显的作用之外，溶剂可使树脂分散或溶解，以利于涂料的制造。此外，选择合适的溶剂或混合溶剂，可控制原材料成本，保证配方符合有关环境污染、火灾和毒性方面的相应法规。

2.4.1　挥发速率

在涂料的干性、流动性和成膜工艺方面，溶剂从施工涂膜中挥发的速率是一个重要的因素。这在以非转化型聚合物体系为基础的配方中尤其重要。

某一溶剂的挥发速率常用相对于标准溶剂的数值表示，标准溶剂既可是醋酸正丁酯，也可以是乙醚。有一些溶剂混合物，由于形成了恒沸混合物，其挥发速率可能高于或低于其组分溶剂的挥发速率。因此，在许多配方中经常是凭经验采用不同类型的溶剂。

1）挥发速率的测定

测定溶剂或混合溶剂挥发速率最简单的方法，是吸取少量体积的待测溶剂与等体积的标准溶剂同时并排滴在滤纸上，记录每种溶剂完全挥发的时间。溶剂挥发速率也可采用另一方法测定，即定时称量在玻璃上已知体积的溶剂质量。控制外部因素如空气对流速度、温度和相对湿度，也能获得涂料中溶剂类似性能方面的有用数据。当然，还必须考虑配方中的其他组分（尤其是基料）对挥发速率的影响。某些常用溶剂的挥发速率如表 2.1 所示。

表 2.1　溶剂性质

溶剂	比重	沸点/°C	挥发速率	闪点/°C
丙酮	0.79	56	944	−18
丁醇	0.81	118	36	35
乙醇	0.79	79	253	12
环己酮	0.95	156	25	43
松香水	0.80	150～200	18	38
二甲苯	0.87	138～144	73	17～25
醋酸丁酯	0.88	125	100	23
醋酸乙酯	0.90	77	480	−4.4
甲基乙基酮	0.81	80	572	−7
甲基异丁基酮	0.83	116	164	13

2）挥发速率的影响

在溶剂从施工涂膜尤其是非转化型涂膜里挥发的过程中，应研究它对干燥时间的影响。挥发速率太慢，将不必要地延长干燥时间；挥发速率太快，会导致流动性差。因挥发速率而导致的这类问题，对喷涂系统是特别明显的。

涂料施工过程中的问题之一是漆膜"发白"。这是由于施工涂膜中，溶剂挥发急剧而迅速吸热。此时，在大气中与表面紧密接触的水蒸气也被冷却，若它的蒸气压高于周围室温下的标准蒸气压，水就会凝聚在涂膜表面，然后，被截留在涂膜中，并由于在干燥过程中涂料黏度增加而不能逸出。特别是在清漆涂膜中，水和涂膜的折光指数不同，这将导致涂膜产生白色斑渍，即所谓漆膜"发白"。

另一问题是"干喷"。起因于漆雾流中个别溶剂的挥发，它是在漆雾流沉积到被涂物件表面之上及流平之前发生的。形成的涂膜外观产生颗粒，这种现象称为"干喷"。正确地对溶剂的蒸发速率进行平衡，可使这类问题减至最小。

以无空气喷涂法施工高固体分涂料时，有一特殊问题，即在涂膜中产生气泡，这会降低其使用性能，溶剂平衡和它对挥发速率的影响也是产生这一问题的原因。

2.4.2　溶解能力

溶剂的溶解度除了可用溶剂和树脂的溶解度参数来判断之外，也可用某些实验室方法来评价。这些方法中有简单地观测溶剂和树脂混合物的混容性及测定树脂溶液的黏度等。在测定黏度的方法中，对某一种聚合物有最大溶解力的溶剂，就是在相同固体含量时溶液黏度最低的溶剂。

在许多涂料中，为了提高性能或降低成本，在配方中除了加入能溶解基料聚合物的溶剂之外，还要加入一些只能部分溶解或不能单独溶解基料聚合物的"溶剂"。因此，我们用"真溶剂"和"稀释剂"来代替笼统的"溶剂"一词应该会更恰当些。真溶剂能单独溶解聚合物，而稀释剂则不能。但稀释剂可以适量地加入聚合物在真溶剂中的溶液，而不致发生混容性不良及产生沉淀分层等现象。这种用真溶剂-稀释剂系统溶解的涂料，其蒸发速度应当选择很好的平衡，以避免湿涂膜在干燥过程中稀释剂的比例越来越大，导致基料与溶剂系统的混容性不良甚至产生沉淀。如果这种不良情况发生，涂膜的性能就会变差。

将已知量的基料溶解于必要量的真溶剂中后，在此溶液中逐渐加入稀释剂就可测得该稀释剂-真溶剂系统对此基料的沉淀点，在配方时应避免将真溶剂-稀释剂系统的组成比例配制在沉淀点附近。

2.4.3　闪　点

可燃液体的闪点是在火种存在时，其蒸气能够着火的最低温度。液体的闪点与其蒸气压和沸点有关，但对涂料而言，其组成对闪点有着显著的影响。尽管没有可以精确计算混合溶剂闪点的理论算法，但若闪点最低的溶剂是构成混合溶剂的主要部分，那么混合溶剂的闪点与最低闪点接近。这样的判别方法，常称"拇指法则"。

涂料或溶剂的闪点是表示其可燃性难易的指标，因此，对闪点的测量和控制是涂料配方的重要要求。有许多测定闪点的标准方法，其中最广泛采用的是闭杯方法。该法是将一个小火焰放到一定体积的试验涂料的上空，再慢慢地升高涂料的温度，严格控制试验条件，引入火星使溶剂蒸气和空气混合物着火的最低温度，即为其闪点。某些比较常用溶剂的闪点如表2.1所示。

2.5　黏　度

涂料的黏度是其配方中全部组分的相互作用所决定的。然而，其中主要的影响因素是溶剂组成及其含量，以及加入的黏度调节剂。涂料配方的黏度影响其贮存稳定性、施工特性以及施工时表现出来的流动性。只有使涂料具有最佳的施工性和流动性，才能保证涂膜在使用过程中具有令人满意的性能。

2.5.1　施工应用

当流体的黏度与剪切速率无关时，称为牛顿流体；当流体的黏度随剪切速率的变化而变化时，称为非牛顿流体。当流体的黏度随剪切速率增大而变小时，称为假塑性流体；而当流体的黏度随剪切速率增大而变大时，称为膨胀性流体。大多数涂料为假塑性流体，膨胀性流体很少。另外，当流体与其剪切历史（如是否搅拌过）有关时，视其黏度减小或是增大，分别称为流体的触变性和抗流变性。

触变性可使涂料性能得到改善，所以常加入一些助剂，使涂料具有触变性。涂刷时，剪切力高，涂料黏度降低，可使涂料具有良好的流动性，便于涂刷；涂刷后，剪切力低，黏度升高，可防止流挂和颜料沉降。涂料黏度受温度、溶剂黏度、聚合物相对分子质量及浓度的影响。

2.5.2　黏度控制

控制黏度有许多方法，其中包括在涂料配方中加入增稠剂，使其获得不同程度的触变性。例外的情况是在乳胶漆中加入纤维素质的增稠剂，这不能诱发真正的触变特性，而是赋予其更多的伪塑性特征。在有些不需要触变性的体系中，例如在高光泽面漆中，要求流动性能达到最大（触变体系很少具有与非触变涂料相同的流动能力，因此，其表面装饰性势必稍差），采用选择基料和调整配方总固体分的方法，可将其黏度控制在要求的范围内。

2.5.3　黏度测定

测定涂料黏度可采用许多不同的方法，很明显，对比较复杂的流变体系，如果要求得到剪切速率和剪切应力相互关系的准确数据，则需采用更为先进的方法。然而，进行有关配方和质量控制等方面比较常规的测定工作时，对其黏度的测定广泛采用了黏度杯（也称流速杯）和旋转黏度计两种设备。

黏度杯适用于黏度比较低的物质，不过严格地说，它们只适用于牛顿体系。在涂料制造和施工应用过程中，它们已被广泛用于生产控制。这类黏度计可以有不同大小的流出孔以适应各种黏度的测量。某一涂料的黏度是以时间（s）表示的，即液体在重力作用下由杯底小孔流出所需的时间。

采用旋转黏度计可以更准确地测定比用流速杯时更高的黏度，一般来说，能够直接地、符合标准地读出以适当单位表示的黏度，如泊。其基本原理是启动浸在涂料中的转轴或其他剪切设备，然后测定所产生的总的剪切应力。

3 醇酸树脂涂料

醇酸树脂是指由多元醇（如甘油）、多元酸（如邻苯二甲酸酐）与植物油制备的改性聚酯树脂。它的出现，使人类摆脱了以干性油与天然树脂混合熬炼制漆的传统旧法，并使涂料工业成为一项真正的化学工业。

3.1 醇酸树脂概述

与以前的油基材料相比，醇酸树脂所用的原料易得，工艺简单，而且在干燥速率、附着力、光泽、硬度、保光性和耐候性等方面远远优于以前的油性漆。所以自其开发以来发展极为迅速。目前它不仅是一个独立的涂料分支，可制成清漆、磁漆、底漆、腻子等；而且还可以与硝化棉、过氯乙烯树脂、聚氨酯树脂、环氧树脂、氨基树脂、丙烯酸树脂、有机硅树脂并用，以降低这些树脂的成本，提高和改善其他涂料产品的某些性能。

3.1.1 醇酸树脂的分类

通常，醇酸树脂可根据改性油的性能和油度进行分类。

3.1.1.1 按改性油的性能分类

按照改性油的性能，醇酸树脂可分成以下两类：

1）干性油醇酸树脂

这是一种用不饱和脂肪酸改性制备成的树脂。主要用于各种自干性和低温烘干的醇酸清漆和磁漆产品，可用来涂装大型汽车、玩具、机械部件，也可用作建筑物装饰用漆。该类产品主要采用 200 号溶剂汽油和二甲苯做溶剂。

2）不干性油醇酸树脂

这是一种用碘值低于 100 的脂肪酸改性制成的树脂。由于不能在空气中聚合成膜，故只能与其他材料混合使用。当它与氨基树脂配合使用时，制成的烘漆具有漆膜硬度高、附着力强，保光性、保色性好等优点。广泛用于涂装自行车、缝纫机、电扇、电冰箱、洗衣机、轿车、玩具、仪器仪表等，对金属表面有较好的装饰性和保护作用。

3.1.1.2 按油度分类

醇酸树脂中油含量对树脂影响很大。按树脂中含油多少分为短、中、长三种油度。油度的计算公式如下：

$$油度 = \frac{油质量}{树脂理论产量} \times 100\%$$

式中，树脂的理论产量等于邻苯二甲酸酐、甘油（或其他多元醇）、脂肪酸（或植物油）用量之和减去酯化反应产生的水量。

油度 ≤ 40% 为短油度，油度 41% ~ 60% 为中油度，油度 > 60% 为长油度。

3.2 合成醇酸树脂所用原料

合成醇酸树脂所用的基本原料是多元醇、二元酸（酐）、植物油或脂肪酸。

1）多元醇

合成醇酸树脂最常用的多元醇为甘油和季戊四醇。用季戊四醇代替甘油时，为了防止焦化，必须考虑季戊四醇的 4 官能度。通常二元酸/季戊四醇的物质的量之比略小于二元酸/甘油的物质的量之比。为了降低成本，有时使用季戊四醇与乙二醇或丙二醇的混合物。也可用三羟甲基丙烷代替甘油，但单酯化速度慢于甘油，这是因为虽然三羟甲基丙烷的所有羟基都是伯羟基，但它们或多或少受到新戊基结构空间位阻的影响。其他可用来合成醇酸树脂的多元醇有：新戊二醇、二甘醇、三羟甲基乙烷等。

2）二元酸（酐）

最常用的二元酸（酐）为邻苯二甲酸酐和间苯二甲酸。以间苯二甲酸合成的醇酸树脂与以邻苯二甲酸酐合成的醇酸树脂相比，具有染色快、柔韧性好，并且耐热和耐酸性好的特点，加入己二酸、壬二酸、癸二酸及二聚脂肪酸可以改善醇酸树脂的柔韧性和增塑性，氯化二元酸如四氯邻苯二甲酸酐可提供醇酸树脂的阻燃性，少量马来酸酐和富马酸酐可改善树脂的保色性、加工时间和防水性。

3）植物油及脂肪酸

植物油的主要成分是脂肪酸的甘油全酯，或者说是甘油三酯，且绝大部分是不同脂肪酸的混合甘油三酯。常用植物油的组成如表 3.1 所示。植物油中除甘油三酯外，还有一些杂质，如游离脂肪酸、磷脂、蛋白质、酯、糖、色素及一些机械杂质，它影响植物油的均匀性，使颜色变深、性能下降，必须设法除去。净化方法可采用澄清法、吸附法、热处理法、水化法和中和法。涂料生产中多采用澄清法、热处理法及水化法。

根据植物油中所含脂肪酸的不饱和程度，可将植物油分为干性油、半干性油和不干性油。植物油的不饱和程度可用碘值表示，碘值是一定条件下 100 g 油吸收的碘的质量（g）。碘值大于 140 g 碘/100 g 油的植物油称为干性油，如桐油、梓油、脱水蓖麻油、亚麻子油、苏籽油、大麻油等；碘值 125 ~ 140 g 碘/100 g 油的为半干性油，如豆油、葵花籽油等；碘值

表 3.1 植物油中脂肪酸的组成

脂肪酸 \ 质量分数/% \ 植物油	桐油	奥油	蓖麻油	亚麻籽油	脱水红花油	豆油	荏油	妥尔油	鲱油
9, 11, 13-十八碳三烯酸	82								
十八碳三烯-4-酮酸		74							
9, 12-十八碳二烯酸	8	10	62	17	70	55	46	38	7
9, 12, 15-十八碳三烯酸				51	3	5		47	2
十八碳二烯酸			21						
油酸	4	6	9	22	20	28	46	8	15
二十碳四烯酸									17
十六烷酸	4	5	2	6	5	8	7	7	16
十八烷酸	2	5		4	2	4			2
羟酸			6						
9-十六碳烯酸								1	16
十四烷酸									7

小于 125 g 碘/100 g 油的为不干性油，如蓖麻油、椰子油、棉籽油等。脂肪酸或油的选择取决于醇酸树脂的最终用途，当醇酸树脂做增塑剂用来对其他树脂（如硝基纤维素）进行改性时，通常选用完全饱和的或只含一个双键的脂肪酸或其油；当用作漆膜基料用以配制涂料时，通常选用干性或半干性的脂肪酸或其油。植物油或其脂肪酸的不饱和程度越高，干率越快，保色性越差。树脂的颜色则与此相反，不饱和程度越低，则颜色越浅。

3.3 醇酸树脂的合成原理

3.3.1 醇酸树脂的合成方法

醇酸树脂的合成方法主要有醇解法、脂肪酸法、酸解法、脂肪酸/油法 4 种。其中最常用的是醇解法和脂肪酸法。

3.3.1.1 醇解法

用醇解法制备醇酸树脂分两步进行：① 植物油与甘油进行醇解反应；② 加入邻苯二甲酸酐进行缩聚反应。

1）醇解反应

植物油与甘油在 240 ℃ 下进行醇解反应，生成甘油单酯和甘油二酯。为了加快反应的进行，常采用碱性催化剂，如 CaO、LiOH、蓖麻酸锂、钛酸异丙酯等。醇解程度可以通过检测反应混合物在无水甲醇中的溶解性来判断。当 1 体积的反应混合物在 2 ~ 3 体积无水甲醇中得到透明溶液时，即可认为达到醇解终点。影响醇解反应程度的因素如表 3.2 所示。

表 3.2　影响醇解反应的因素

影响因素	影响结果
反应温度	催化剂存在下，反应温度：200 ~ 250 ℃，升高温度，反应加快，醇解程度增加，但树脂颜色变深
反应时间	反应时间增加，甘油单酯含量增加，到达平衡后保持一段时间，然后甘油单酯含量缓慢下降
惰性气体	无惰性气氛时，树脂色深，因氧化使油的极性下降，多元醇与油的混溶性降低，醇解时间延长
油中杂质	油未精制时，所含蛋白质、磷脂、游离酸影响催化作用，也影响醇解程度
油的不饱和度	油的不饱和度增加，醇解速度加快，程度增加

2）缩聚反应

甘油单酯和甘油二酯及剩余的甘油与邻苯二甲酸酐进行缩聚反应。

3.3.1.2　脂肪酸法

将多元醇、二元酸（酐）、脂肪酸全部加到反应釜中，升温至 220 ~ 260 ℃ 进行反应。由于反应温度高，反应速度快，但不仅酯化反应快，二聚反应也快（增加官能度），易凝胶。反应终点用黏度和酸值控制，酸值一般控制在 7 左右，黏度可用锥板黏度计测量。

这种一步酯化的方法虽然步骤简单，但没有考虑到多元醇的伯羟基和仲羟基、脂肪酸的羧基、邻苯二甲酸酐的酐基、邻苯二甲酸酐形成的半酯羧基之间的反应活性的不同以及不同酯结构之间酯交换非常慢的特点，为此 Kraft 提出了一个改进的方法，采用分批加入脂肪酸的方法，可以使形成的树脂相对分子质量较大，黏度高，颜色浅，干燥快，耐碱性和耐化学药品性更好。这种方法是最简单的方法，但不经济，因为要先将植物油水解为脂肪酸。

3.3.2　不同合成方法对树脂性能的影响

在合成醇酸树脂时，根据是否使用溶剂又分为溶剂法和熔融法。溶剂法一般采用二甲苯为溶剂，二甲苯的沸点为 140 ℃，但反应一般要在 220 ~ 240 ℃ 进行，所以二甲苯的量不能太多。

现在将不同反应方法对树脂性能的影响进行简单介绍。

1) 溶剂法与熔融法

虽然熔融法是老方法，但至今仍广泛应用，原因是其设备简单，但此法不易控制。它对制备长油度醇酸树脂比较合适，因苯酐和多元醇含量低，高温反应时因挥发升华损失较少；在制备短油度醇酸树脂时要特别注意控制。溶剂法因为有回流装置，物料损失较少，又可以通过溶剂的量来控制反应温度，溶剂的回流可使反应更为均匀，而且由于反应物黏度低，生成的水分容易带出，可以缩短反应周期，特别适合于制备要求严格的配方，产品质量有保证。

2) 脂肪酸法与醇解法

脂肪酸法比醇解法在配方上可以有更多的选择，因为不仅可以选用各种多元醇混合，也可选用各种脂肪酸的混合物；脂肪酸可以进行纯化，反应中不需用催化剂，因此可减轻氧化和颜色问题，反应比较容易控制。但脂肪酸法要求预热装置，反应装置易被腐蚀，成本高。两种方法生产的醇酸树脂在反应性与性质上都有不同，脂肪酸法反应时酸值降低快，到达终点时酸值低，漆膜较硬且不易发黏，但其溶剂不能多用脂肪烃。两个方法所得的树脂结构是不同的，反应中 3 种带有羧基的反应物的反应性不同是导致它们结构上不同的一个主要原因：一般苯酐反应性最大，脂肪酸次之，邻苯二甲酸单酯反应性最低。因此在脂肪酸法中，邻苯二甲酸酐总是首先与甘油上的伯羟基反应，留下的仲羟基与脂肪酸反应。在醇解法中，在苯酐加入之前脂肪酸在甘油上的位置已经确定，主要占有甘油的伯烃基，留下的另一个伯羟基与一个仲羟基和苯酐反应。

对于醇解法来说，醇解情况不同，可以引起产物性质不同。因为油在醇解时，得到的是混合物，其中有单酯和双酯，而且脂肪酸占有的位置也互不相同，所以最后所得树脂溶液即使含量相同（一般都为 50%），酸值相同，其性质也可能差异很大，如黏度、相对分子质量分布、漆膜光泽和干燥时间等。

3.4 醇酸树脂的配方设计及制备工艺

3.4.1 醇酸树脂涂料中基料的配方设计

甘油是 3 官能度分子，苯酐是 2 官能度单体，要使羧基和羟基等物质的量反应，则 $n(甘油):n(苯酐)$（物质的量之比）$=2:3$，此时反应物的平均官能度将超过 2，即

$$f_{\mathrm{avg}} = \frac{羟基物质的量 + 羧基物质的量}{甘油分子数 + 苯酐分子数}$$

$$= \frac{(2\times3+3\times2)}{(2+3)} = 2.4$$

根据凝胶化公式：

$$P_C = \frac{2}{f_{avg}} = \frac{2}{2.4} = 0.83$$

即反应到 83% 时，便发生凝胶化。在醇酸树脂制备中，由于加有单官能度脂肪酸，可降低其平均官能度。假定甘油的仲羟基全部为脂肪酸占有，即

$$\begin{array}{ccc} CH_2 & -CH- & CH_2 \\ | & | & | \\ OH & OR & OH \end{array}$$

亦即 n（苯酐）：n（甘油）：n（脂肪酸）= 1：1：1 的情况，甘油相当于一个二元醇，这时平均官能度为

$$f_{avg} = \frac{(1\times2)+(1\times3)+(1\times1)}{1+1+1} = 2$$

在 n（苯酐）：n（甘油）：n（脂肪酸）= 1：2：4 和 n（苯酐）：n（甘油）：n（脂肪酸）= 2：3：5 的情况下，因聚合度下降，含油量增加，平均官能度更低，分别为 1.71 和 1.80，凝胶点为 1.16 及 1.11，说明理论上是不会凝胶的。但要制备油度低于 61%（即 n（苯酐）：n（甘油）：n（脂肪酸）= 1：1：1）的树脂时，为避免凝胶化，必须使羟基（或羧基）过量，以达到减少平均官能度的目的，如使甘油过量 50%，即 n（苯酐）：n（甘油）：n（脂肪酸）= 1：1.5：1，此时的平均官能度为

$$f_{avg} = \frac{(1\times2)+(1\times3)+(1\times1)}{1+1.5+1} = 1.71$$

注意：式中分子上是以实际参与反应的甘油分子数 1 mol，而不是以全部的甘油分子数 1.5 mol 计算，换句话说，甘油的有效官能度不是 3.0 而是 2.0。即

$$f_{有效} = \frac{f_{实际}}{1+n} = \frac{3}{1+0.5} = 2$$

式中，n = 醇过量百分数（也称醇超量）。

用凝胶点公式计算时可以简化为

$$P_C = \frac{2}{f_{avg}} = \frac{2}{2e_A/M_0} = M_0/e_A$$

式中　M_0——参与反应的总摩尔数；

$2e_A$——参加反应的总物质的量。当醇过量时，e_A 即为酸的官能度数。

另一个经验方法是要求配方符合下式：

$$\frac{二元酸物质的量}{多元醇物质的量} < 1$$

当设计一个醇酸树脂时，最重要的是避免凝胶。另外一个要求是保证具有所要求的性质，多元醇过量太多必然引起聚合度下降，P_C 值一般不要超过 1.05。在设计配方时，可参考表 3.3 的数据：

表 3.3　醇酸树脂配方举例

油度/%	60	55～60	40～55	30～40
甘油过量/%	0～10	10～17	17～30	30～35

在进行醇酸树脂配方设计时，可参考下述步骤。

例如，需要设计一个由甘油、苯酐和豆油制备油度为 52% 的中油度醇酸树脂配方：

（1）从油度估计甘油过量值，并求出油量（或脂肪酸量）。首先根据表 3.3，估计出醇超量为 17%～30%，定为 18%，按此计算油量，以质量列出下式：

1 mol（$\frac{1}{2}$ 苯酐）	74 g
1.18 mol（$\frac{1}{3}$ 甘油）	36.2 g
生成水量	9 g

树脂中含苯酐与甘油量为

$$74\ g + 36.2\ g - 9\ g = 101.2\ g$$

含油量可按下式计算：

$$含油量 = 树脂中苯酐与甘油量 \times \frac{要求油度}{100 - 要求油度}$$

$$含油量 = 101.2 \times \frac{52}{100 - 52} = 109.6\ g$$

（2）列出配方（表 3.4）。

表 3.4　醇酸树脂设计配方

成分	相对分子质量	质量/g	物质的量/mol	官能团物质的量/mol —COOH	官能团物质的量/mol —OH	配料中的含量/%（质量）
豆油	888	109.6	0.123	0.369	0.369	0.369
苯酐	148	74.0	0.50	1.00		33.7
甘油	92	36.2	0.393		1.179	16.4
合计		219.8	1.016	1.369	1.548	100.0
理论出水量		9.0	0.5			
树脂理论量		210.8				

（3）计算凝胶点。

根据公式 $P_C = M_0/e_A$ 进行计算。

$$P_C = \frac{M_0}{e_A} = \frac{0.123 \times 4 + 0.50 + 0.393}{0.123 \times 3 + 0.5 \times 2} = \frac{1.385}{1.369} = 1.01$$

式中，M_0 = 油中脂肪酸物质的量 + 油中甘油物质的量 + 苯酐物质的量 + 甘油物质的量

　　　　e_A = 油中脂肪酸物质的量 × 1 + 苯酐物质的量 × 2

根据计算结果可知，凝胶点为反应程度 1.01，理论上不致发生凝胶，再用经验式进行计算，其结果为

$$\frac{0.50}{0.123 + 0.393} = \frac{0.50}{0.516} = 0.97 < 1$$

因此设计的配方基本上是可行的，反应不会发生凝胶。

由于醇酸树脂反应复杂，尽管有各种不同的理论推导和经验式，配方是否合理最终还是要用实验来验证，其原因是多方面的，下列情况比较常见：

（1）苯酐容易升华，甘油容易挥发，特别是反应中通氮气或通 CO_2 时；

（2）一元酸可以二聚，甘油可以醚化而聚合，这样就增加了官能度；

（3）甘油脱水成丙烯醛，反应中间产物有环化等副反应；

（4）体系中反应物的各种官能团位置不同，反应性是不同的，这和理论推导的基本假设是不符的。

配方初步确定以后，要在反应釜中进行确认，开始时可以少加一点苯酐，若黏度不高，再补加。万一黏度迅速增加，可以再加一些甘油，防止凝胶。

3.4.2　醇酸树脂涂料配方设计中其他原材料的选择

1）溶　剂

石油溶剂是长油度醇酸树脂最常用的溶剂。加入少量更高沸点（如 180～210 ℃）的石油溶剂，如非芳香族石油溶剂或异链烷烃溶剂，可以改善涂刷性和湿边时间；加入少量乙二醇醚可以改善涂料的流平性和应用性能；加入芳香族烃如萘或二甲苯可以改善防腐涂料与旧涂层的黏结性。

石油溶剂也是用于工业上气干性和强制干燥涂料用中油度醇酸树脂最常用的溶剂。但由于树脂的黏度高，石油溶剂必须与更强溶解性的溶剂或能降低黏度的溶剂，如二甲苯、萘、低级醇和乙二醇醚等一起使用，这些溶剂也可改善涂料的流平性和贮存稳定性。

短油度醇酸树脂的主要溶剂包括芳香族烃如萘、二甲苯、乙二醇醚、低级醇，即使少量，也有降低黏度的效果。在溶剂挥发干燥过程中，为防止漆膜不透明或不均匀，最后的溶剂必须是树脂的真溶剂。

2）催干剂

催干剂主要包括金属 Co、Pb、Mg、Ca、Zn、Ce、Mn、Zr 等的环烷酸盐、辛酸盐。Ca、Zn 盐还具有润湿作用。现代醇酸树脂中由于环保因素已不再用 Pb 催干剂。Mg 催干剂仅用于色漆和防锈保护漆，因为它影响白漆和彩色漆的色调。研究表明，催干剂不仅可促进或加速醇酸树脂涂料成膜物的固化，对涂料的一些性质，如附着力、柔韧性、硬度以及成膜结皮趋势、耐化学性、干燥时间、黏度等也有影响。

3）润湿剂

醇酸树脂中使用的润湿剂有 Ca 和 Zn 的环烷酸盐、辛酸盐、脂肪醇的硫酸酯、蓖麻油酸的衍生物、聚乙二醇醚、低黏度硅油等。

4）防结皮剂

防结皮剂可以是酚类衍生物（如 4-叔丁基酚）或酮肟（如甲基乙基酮肟或丁酮肟），用量为 0.5% ~ 1.5%。

5）防沉剂

高密度颜料（包括有色颜料和体质颜料）容易沉降，尤其是在低黏度涂料中。加入防沉剂如矿物质（如热解硅）、有机化合物处理的矿物质（如硬脂酸处理过的蒙脱土）和有机化合物（如氢化蓖麻油）可以克服这一问题。

配方设计举例如表 3.5 至表 3.7 所示。

表 3.5　木器面漆用清漆配方组成

组　　成		质量/g	功能
清漆	短油度半干性油醇酸树脂（50% 固含量）	48.0	树脂溶液
	异丁基化脲醛树脂	24.5	固化剂
	丁醇	27.5	溶剂
对甲苯磺酸		20.0	催化剂
去离子水		2.0	稀释剂
异丙醇		78.0	溶剂

表 3.6　木器底漆的配方组成

组　　成	质量/g	功能
滑石粉	16.3	颜料
钛白粉	34.6	体质颜料
豆油-季戊四醇醇酸树脂（70% 固含量）	18.2	树脂
中油度间苯二甲酸醇酸树脂（50% 固含量）	12.1	树脂
大豆卵磷脂	0.25	颜料分散剂

组　　成	质量/g	功能
膨润土 38	0.25	防沉剂
甲基乙基酮肟	0.15	防结皮剂
辛酸钴（10% Co）	0.15	干燥剂
锆配位体（6% Zr）	0.4	干燥剂
醇	0.1	溶剂
石油溶剂	17.5	溶剂

表 3.7　有光装饰面漆配方组成

组　　成	质量/g	功能
钛白粉	27.0	颜料
68% 长油度妥尔油脂肪酸-季戊四醇醇酸树脂（75% 固含量）	55.0	树脂
聚酰胺改性 60% 油度豆油-季戊四醇醇酸树脂（60% 固含量）	5.0	稠变树脂
辛酸钴（6% Co）	0.2	干燥剂
锆配位体（6% Zr）	0.5	干燥剂
辛酸钙（5% Ca）	1.7	
石油溶剂	10.6	溶剂

3.4.3　醇酸树脂涂料的制备工艺

3.4.3.1　醇酸树脂的制备

现举一例说明溶剂法制备中油度亚麻油醇酸树脂的工艺。

（1）亚麻油、甘油全部加入反应釜内，开动搅拌，升温，通入 CO_2，在 45～55 min 内升温到 120 ℃，停止搅拌，加氢氧化锂，再开动搅拌。

（2）在 2 h 内升温到（220±2）℃，保持至取样测定无水甲醇容忍度为 5（25 ℃）时即为醇解终点。在醇解时放掉油水分离器中的水，将垫底二甲苯与回流二甲苯准备好。

（3）醇解后，在 20 min 内分批加入邻苯二甲酸酐，以不溢锅为准。

（4）加完邻苯二甲酸酐后停止通 CO_2，立即从分离器加入加料总量 4.5% 的二甲苯，同时升温。

（5）在 2 h 内升温到（200±2）℃，保持 1 h。

（6）再在 2 h 内升温到（230±2）℃，保持 1 h 后开始取样测酸值、黏度、颜色。

（7）当黏度（加氏管）达到 6～6.7 s 时，立即停止加热，抽或放至稀释罐，冷却到 150 ℃，加入要求量的 200# 油漆溶剂油、二甲苯，制成树脂溶液。

（8）冷却到 60 ℃ 以下过滤。

其工艺流程如图 3.1 所示。

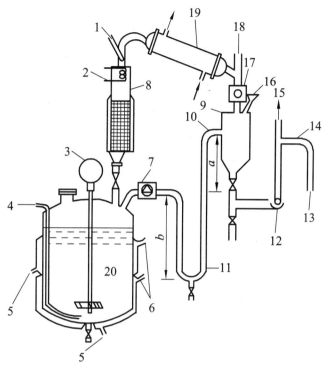

图 3.1 醇酸树脂磁漆制备的工艺流程简图

1—温度计；2—冷热盘管；3—电动机；4—惰性气体；5—热媒进口；6—热媒出口；7—流量计；8—分馏柱；
9—自动油水分离器；10—管 A；11—溶剂回流管；12—可动球型连接；13—溢流管；14—管 B；
15—放空；16—漏斗；17—视镜；18—放空；19—冷凝管；20—反应釜

3.4.3.2 醇酸涂料的配制工艺

以有机硅改性的醇酸气干磁漆为例，说明磁漆的配制工艺，详见图 3.1。

4 丙烯酸树脂涂料

丙烯酸树脂是指丙烯酸酯或甲基丙烯酸酯的均聚物（结构如下）及其与其他烯类单体的共聚物。

$$\left[CH_2-\underset{\underset{\underset{OR}{|}}{\overset{\overset{CH_3}{|}}{\underset{C=O}{|}}}{C} \right]_n \qquad \left[CH_2-\underset{\underset{\underset{OR}{|}}{\overset{\overset{H}{|}}{\underset{C=O}{|}}}{C} \right]_n$$

聚甲基丙烯酸酯　　　　　　　　　聚丙烯酸酯

它们广泛地用于涂料、胶黏剂、纺织助剂等领域。以丙烯酸树脂为成膜物的涂料称为丙烯酸涂料，它可用作多种涂料如溶剂型、水性、无溶剂型涂料，在汽车、飞机、船舶、建筑、电子、造纸、纺织、塑料和木材等的保护和装饰上起着越来越重要的作用。醇酸树脂在涂料中的地位有被它取代的趋势。丙烯酸涂料的迅速发展首先是因为它具有优良的综合性能，如它的耐久性、透明性、稳定性，也由于它可以经过调节配方达到不同硬度、柔韧度和其他要求的性质。

根据选用不同的树脂结构、配方、生产工艺以及溶剂和助剂，丙烯酸树脂涂料按形态可分为溶剂型、水性和无溶剂型。其中无溶剂型将另作讨论，这里主要讨论溶剂型和水性丙烯酸树脂涂料。

4.1 合成丙烯酸树脂原料的选择

合成丙烯酸树脂用的聚合方法有溶液法、乳液法、本体法和悬浮法以及非水分散法，其中前两种方法在合成丙烯酸酯涂料中最常用。表 4.1 为几种聚合方法所需组分比较。

表 4.1　几种聚合方法所需组分比较

聚合方法	组　分
本体法	单体＋引发剂
溶液法	单体＋引发剂＋溶剂
悬浮法	单体＋引发剂＋水＋悬浮剂
非水分散法	单体＋引发剂＋有机溶液＋稳定剂
乳液法	单体＋引发剂＋水＋（保护胶体＋缓冲剂＋乳化剂）

4.1.1 单体的选择

合成丙烯酸树脂所用原料主要是丙烯酸单体和甲基丙烯酸单体。二者虽然性质上非常相近，但也有明显不同。它们的均聚物的性质如表4.2所示。

表 4.2 丙烯酸和甲基丙烯酸单体均聚物的性质

聚合物		拉伸强度/MPa	伸长率/%	T_g / °C
聚丙烯酸酯	甲酯	6.895	750	9
	乙酯	0.23	1 800	−22
	正丁酯	0.02	2 000	−56
	异丁酯			−22
	叔丁酯			43
	2-乙基己酯			−82
聚甲基丙烯酸酯	甲酯	62.06	4	105
	乙酯	34.48	7	65
	正丁酯	6.895	230	20
	异丁酯			53
	叔丁酯			114
	2-乙基己酯			−10

聚甲基丙烯酸酯有一和羰基相邻的甲基，由于空间位阻较大，链旋转较困难，因此玻璃化温度（T_g）较高，并有较高的拉伸强度和低的伸长率，同时也有很好的抗水解性能以及化学稳定性。聚丙烯酸酯和羰基相邻的是氢原子，位阻较少，链旋转容易，因此 T_g 较低，有较高的伸长率，但拉伸强度较低，另外，由于和羰基相邻的氢原子反应活性较高，较易被自由基所夺取，因此和聚甲基丙烯酸酯聚合物相比，聚丙烯酸酯聚合物水解稳定性、光化学稳定性稍差。烃基不同，它们的 T_g、溶解性能，机械性能有很大的不同，以丙烯酸正丁酯、异丁酯和叔丁酯为例，它们不仅玻璃化温度相差甚远，而且化学性能也差别很大，异丁酯耐水解性能比正丁酯优越，而叔丁酯对酸水解十分敏感。除了丙烯酸酯单体和甲基丙烯酸酯单体外，其他一些烯类单体可以赋予树脂其他的一些性能。表4.3列出了一些合成丙烯酸树脂常用单体赋予树脂膜的性能，表4.4进一步列举了一些单体对丙烯酸树脂性能的影响规律。

表 4.3 一些合成丙烯酸树脂常用单体赋予树脂膜的性能

单 体	膜 性 能
甲酯丙烯酸甲酯	户外耐久性、硬度、耐污和耐水性
苯乙烯	降低成本、硬度
丙烯酸丁酯和高级酯	柔韧性、耐水性
羟基丙烯酸酯、羟基甲基丙烯酸酯	交联官能团

续表 4.3

单 体	膜 性 能
丙烯酸、甲基丙烯酸	官能团、硬度
氯乙烯	降低成本、耐化学药品性
乙烯	降低成本、柔韧性
乙酸乙烯酯	硬度
烷烃羟酸乙烯酯	柔软性

表 4.4　单体对丙烯酸树脂性能的影响

单体	硬度	耐久性	柔韧性	耐碱性	耐 UV 性、保光性	溶解性
甲基苯乙烯				极好	很差	
苯乙烯				极好	差	
乙烯基甲苯				极好	差	
丙烯腈				尚可/差	尚可/差	
甲基丙烯酸甲酯		很好		很好	很好	
甲基丙烯酸乙酯		极好		极好	极好	
甲基丙烯酸丁酯		极好		极好	极好	
丙烯酸甲酯		差		很好	差	
丙烯酸乙酯		尚好		很好	尚可/好	
丙烯酸丁酯		很好		很好	很好	

4.1.2　引发剂的选择

自由基聚合的引发剂一般为偶氮类和有机过氧化物类引发剂。常用的有偶氮二异丁腈（AIBN）和过氧化苯甲酰（BPO）。引发剂的类型不仅影响聚合物的相对分子质量和相对分子质量分布，还对丙烯酸树脂的性能产生影响。例如，以 BPO 为引发剂时，由于苯甲酰自由基分解为高活泼性的苯自由基，容易夺取单体或聚合物分子链上的氢原子而导致支化，尤其是当温度超过 130 ℃时，导致大量的支链，因而相对分子质量分布增大。而以 AIBN 为引发剂，自由基的活泼性不及苯自由基，因此支化程度大为减少。这也是为什么合成丙烯酸树脂优先选用 AIBN 为引发剂而不用 BPO 的原因之一；原因之二是前者引发的聚合物端基为 $(CH_3)_3C—$，户外耐久性好，而 BPO 引发的聚合物端基为 $C_6H_5—$，因而户外耐久性差；原因之三是 BPO 分解产生的自由基为 $C_6H_5COO—$ 和 $C_6H_5—$，二者容易发生偶合反应，使至少一半的自由基失活。

4.2　溶液型丙烯酸树脂及其涂料配方设计

溶液型丙烯酸树脂包括热塑性和热固性丙烯酸树脂。

热塑性丙烯酸树脂的成膜主要是通过溶剂的挥发、分子链相互缠绕进行的，因此，树脂膜的性能主要取决于聚合单体的选择和相对分子质量大小，后者一般在 30 000 ~ 130 000 之间。主要用于汽车面漆和汽车修补漆，也可用于纸张涂料、气溶胶、木器清漆、真空清漆、可剥漆、油墨等。

热固性丙烯酸树脂的成膜则主要通过溶剂的挥发和官能团的反应交联固化进行的。树脂的相对分子质量为 20 000 ~ 30 000，比热塑性丙烯酸树脂低，因而其固含量更高，可溶解的溶剂种类更多，交联固化膜具有更好的光泽、耐化学品性和耐溶剂性以及抗黏着性。可进行交联固化的丙烯酸树脂可含有下列官能团：

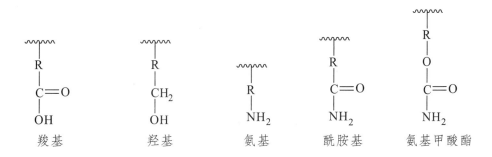

羧基　　　　羟基　　　　氨基　　　　酰胺基　　　氨基甲酸酯

使用的固化剂为：

羧基基团：环氧树脂、环氧乙烷三嗪、多价金属盐等；

羟基基团：氨基树脂、多异氰酸酯；

氨基集团：环氧树脂、多异氰酸酯、氨基树脂等；

酰胺基/氨基甲酸酯：醛类等。

丙烯酰胺改性的丙烯酸树脂，其涂膜柔韧性和耐水、耐洗涤性好，主要用于洗衣机、冰箱和白色产品上；含羧基丙烯酸树脂，用环氧树脂固化，用于家电和金属装饰上；含羟基丙烯酸树脂，用氨基树脂固化，广泛用于汽车漆。这种涂膜具有最好的户外耐久性。单组分体系的固化温度为 120 ~ 160 ℃，固化时间为 30 min；双组分体系通常用多异氰酸酯做固化剂。

对于溶液型树脂涂料的配方设计，溶剂的选择至关重要。良溶剂使体系的黏度降低，固含量增加，树脂及其涂料的成膜性能好；不良溶剂则相反。选择溶剂时主要考虑溶剂的成本，对树脂的溶解能力、挥发速度、可燃性、毒性等。

一般，碳氢化合物、醇和酮，如石油溶剂、二甲苯、乙醇、异丙醇、异丁醇、丙酮、甲乙酮、甲基异丁基酮等相对较便宜，而乙酸酯和氯化物溶剂则相对较贵，可以用部分廉价的溶剂稀释较贵的溶剂形成混合溶剂以降低成本。

溶剂对树脂的溶解能力可以根据溶解度参数来判断。丙烯酸类树脂的溶解度参数一般为 8.5 ~ 10，相对分子质量降低，溶解性增加。表 4.5 给出了一些树脂和部分溶剂的溶解度参数

（范围）。由此可见，芳烃类溶剂的溶解度参数更接近于丙烯酸树脂的溶解度参数，且价格较低廉，是较理想的溶剂。更准确地判断溶剂对树脂的溶解能力，可根据溶剂和树脂的三维溶解度参数（分散 δ_d、极性 δ_p 和氢键 δ_h）的相似性，表 4.6 所示为部分常用溶剂的三维溶解度参数。

表 4.5　部分丙烯酸树脂和溶剂的溶解度参数

项　目	材　料	溶解度参数
聚合物	聚甲基丙烯酸甲酯	9.5
	聚甲基丙烯酸乙酯	9.0
	聚甲基丙烯酸丁酯	8.7
	聚苯乙烯	9.1
	聚丙烯腈	15.4
	聚丙烯酸甲酯	9.6
	聚丙烯酸乙酯	9.2
	聚丙烯酸丁酯	8.7
	聚乙酸乙烯酯	9.4
	聚偏氯乙烯	12.2
溶剂类型	脂肪烃溶剂	6.8～8.5
	芳香烃溶剂	8.5～9.5
	氯化物类	8.2～10.0
	醚类	7.4～9.9
	酯类（大多）	7.8～10.0
	酮类	7.8～10.4
	醇类	8.9～16.5
溶剂实例	丙酮	10
	二甲苯	8.8
	丁醇	11.4
	乙醇	12.8
	甲乙酮	9.3
	石油溶剂	7.0～7.6
	四氯化碳	8.6
	丙二醇	15.0
	水	23.4

表 4.6　常用溶剂的三维溶解度参数

溶　剂	δ_d	δ_p	δ_h
己烷	7.3	0	0
二乙基醚	7.3	0.4	1.7
乙醇	7.7	4.3	9.5
异丙醇	7.7	3.0	8.0
异丁醇	7.6	2.8	7.8
环己烷	8.2	0.2	0.4
乙酸乙酯	7.6	4.4	1.4
丙酮	7.6	5.1	3.4
氯乙烯	9.3	3.6	2.0
甲乙酮	7.6	4.3	2.4
乙酸丁酯	7.7	2.7	0.7

对于大多数丙烯酸酯类聚合物，其三维溶解度参数 δ_d、δ_p 和 δ_h 分别为 7.5～8.0、2.5～3.5 和 0.5～1.2；对于乙酸乙烯均聚物，其三维溶解度参数为 7.6、4.7 和 2.5；苯乙烯的共聚物，分散参数较高，氯乙烯和偏氯乙烯的共聚物，其三维溶解度参数均较高。

现举例进一步说明涂料的配方设计，如表 4.7 至表 4.9 所示。

表 4.7　丙烯酸防腐蚀底漆配方设计

组　成	质量/g	组　成	质量/g
工业甲基化酒精	31.02	使用之前与下列组分混合	
甲基乙基酮	20.0	正丁醇	26.21
在上述溶剂中加入聚烯基丁醛树脂并搅拌	9.66	水	0.69
加入铬酸锌颜料并球磨分散	8.28	磷酸	4.14

钢或铁表面须打磨以除去铁锈等杂质以及清除油腻，配方中主要组分磷酸在金属表面形成阻透层，所用聚合物必须和磷酸相溶并不受磷酸影响。聚烯基丁醛树脂符合这一要求。

酮类虽然不是聚烯基丁醛树脂的良溶剂，但与醇混合可以降低体系的黏度，加入少量水与磷酸可以提高溶解性。

铬酸锌为防腐蚀颜料，可以与磷酸缓慢反应，因此体系为双组分包装。丁醇挥发较慢，可防止干燥成膜过程中水分含量增加。

表 4.8　丙烯酸烘烤磁漆配方设计

组　成	质量/g	组　成	质量/g
二氧化钛	26.8	将上述组分混合后分散，然后加入下列组分并搅拌	
羟基丙烯酸树脂溶液（固含量60%）	29.2	羟基丙烯酸树脂溶液（固含量60%）	12.4
二甲苯	7.7	丁基化三聚氰胺甲醛树脂（固含量65%）	17.7
正丁醇	4.0	正丁醇	2.2

150 ℃固化30 min，羟基和三聚氰胺树脂发生交联反应，涂膜具有极好的保色性、硬度和韧性。

表 4.9　海底防污涂料配方设计

组　成	质量/g	组　成	质量/g
二甲苯	20.78	降低搅拌速度，依次加入：	
搅拌下加入：		三丁基氧化锡	10.39
氯乙烯-乙酸乙烯-乙烯醇共聚物	10.39	磷酸三甲苯酯	5.19
降低搅拌速度，依次加入：		加入下列组分，球磨30 min	
正丁醇	23.38	低价氧化铜	23.38
松香	5.19		

氯乙烯-乙酸乙烯-乙烯醇共聚物的主要功能是允许毒素从表面慢慢分散，三丁基氧化锡应与该共聚物相溶，以允许材料慢慢迁移到膜的表面，补充溶入海水中的材料，聚合物分子链上羟基的亲水性可以保护低价氧化铜（生物杀伤剂）很慢地溶入周围海水中。

4.3　水性丙烯酸树脂及其涂料配方设计

这里水性丙烯酸树脂主要指丙烯酸酯类及其与其他烯类单体通过乳液聚合合成的聚合物胶乳。

在合成这类聚合物胶乳的配方设计中，除需要考虑单体对聚合物的性能影响外，还需考虑单体对聚合物胶乳最低成膜温度的影响。聚合物胶乳的最低成膜温度一般低于其聚合物的 T_g，大多数在室温下使用的胶乳聚合物的 T_g 在 0～30 ℃，加入成膜助剂可降低最低成膜温度。硬单体如乙酸乙烯、苯乙烯、氯乙烯、甲基丙烯酸甲酯等有利于提高聚合物的 T_g，软单体如长链丙烯酸酯类单体有利于降低聚合物的 T_g。丙烯酸和甲基丙烯酸有利于改善胶乳的冻融稳定性，乙烯可以改善黏结性和柔软性，含氨基单体有利于改善湿黏结性。

乳化剂在聚合开始时有利于乳胶粒子的形成，聚合过程中有利于胶乳的稳定，聚合结束后防止絮凝，同时对聚合物胶乳的性能如冻融稳定性、水敏感性、机械稳定性、防腐性和光泽等都有非常重要的影响。乳液聚合中主要使用阴离子乳化剂和非离子乳化剂。阴离子乳化剂较非离子乳化剂有更低的临界胶束浓度，有利于形成更小的乳胶粒子，但用量太多，体系可产生较多的泡沫，且聚合物膜的水敏感性增加，也可能影响胶乳的长期贮存稳定性，这类乳化剂主要为 $C_{12} \sim C_{18}$ 的羧酸盐、磺酸盐、乙氧基磺酸盐、磷酸盐、硫酸盐和聚合物酸的盐类。非离子乳化剂可能导致生成小的凝聚体，一般与阴离子乳化剂配合使用，多为乙氧基化烷基醇或烷基酚，烷基链的长度在 C_8 以上，乙氧基单元在 $15 \sim 30$ 之间。

引发剂主要选用过硫酸的钠盐、钾盐或铵盐，或氧化还原引发体系。

成膜助剂如乙二醇、三甘醇可以改善胶乳的冻融稳定性和流变性，并且有利于形成连续的膜。

在乳胶涂料的配方设计中，常常需要加入颜料和其他添加剂。颜料可以从聚合物粒子表面吸附表面活性剂，降低了胶乳的稳定性。加入六偏磷酸钠、苯磺酸等有利于颜料粒子表面润湿，防止胶乳稳定性降低，羟乙基纤维素也有利于颜料的分散，增加体系的黏度，也可以使用甲基纤维素、聚丙烯酸的铵盐或聚乙烯醇。

下面以实例说明丙烯酸酯乳胶涂料的配方设计。

表 4.10　白色消光内墙乳胶漆配方设计

组　成	质量/g	组　成	质量/g
钛白粉	19.02	消泡剂	0.059
微细滑石粉	7.39	防腐剂（10%的水-甲醇溶液）	0.69
微细白云石	22.18	醋-丙胶乳（55%固含量）	30.65
六偏磷酸钠（40%的水溶液）	2.36	乙二醇	0.986
羟乙基纤维素增稠剂（3%的水溶液）	12.19	水	3.558

其 PVC（约50%）低于有相同遮盖力的油漆（70%），涂膜需较厚，增加钛白粉/滑石粉的比例可增加覆盖力。

表 4.11　半光全丙乳胶漆配方设计

组　成	质量/g	组　成	质量/g
25%苯磺酸钠	0.669	丙烯酸酯胶乳-2（46%的固含量）	10.70
消泡剂	0.191	乙二醇二丁醚	0.573
丙二醇	4.87	聚丙烯酸钠增稠剂（固含量22%）	0.478
钛白粉	22.54	水	9.84
丙烯酸酯胶乳-1（44.5%的固含量）	9.948	润湿剂（固含量60%）	0.192

丙烯酸酯胶乳-1和2的最低成膜温度分别为 8 ℃ 和 35 ℃，将硬的和软的聚合物胶乳混合以得到具有适当硬度的涂膜，少量的成膜助剂有利于进一步改善成膜性。注意本配方中使用比前一配方中更多量的二醇作为成膜助剂，因为这里的乳胶粒子更小。丙二醇比乙二醇毒性低，因而更多的用于丙烯酸酯乳胶漆中，但在乙酸乙烯乳胶漆中则不常用，原因是丙二醇可能被吸附进乙酸乙烯乳胶粒子中。乳胶涂膜的光泽性比溶液性漆膜差，因此上述半光乳胶漆不含填料。另外，羟乙基纤维素多用于乙酸乙烯或醋-丙乳胶漆的增稠剂（见前例），聚丙烯酸钠则多用于丙烯酸乳胶漆的增稠剂（本例）。

表 4.12　丙烯酸酯乳胶地板涂料配方设计

组　成	质量/g	组　成	质量/g
分散剂（25% 水溶液）	0.888	上述组分高速分散 10 min 后加入：	
润湿剂	0.178	丙烯酸乳胶	49.47
丙二醇	2.66	长链醇	2.22
水	6.57	乙二醇二丁醚	2.22
钛白粉	11.46	消泡剂	0.355
二氧化硅	11.1	增稠剂（3%）	5.33
氧化铬	6.22	氧化铝	1.33

　　丙烯酸乳液聚合物的 T_g 为 18 ℃，随涂膜冷却到其玻璃化温度时聚合物膜的硬度和韧性最大，加入成膜助剂有利于提高其成膜性。该配方设计为混凝土地板乳胶漆。钛白粉提供遮盖力，氧化铬提供暗绿色以免白色刺眼，二氧化硅为极硬的材料，可增强涂膜，氧化铝可增加耐磨性而不降低光泽。

　　丙烯酸乳胶由于其相对分子质量大、成膜温度低，多用于热塑性涂料，但近年来，工业上越来越多地使用热固性丙烯酸乳胶涂料，现举例说明。

表 4.13　热固性丙烯酸酯乳胶磁漆配方设计

组　成	质量/g	组　成	质量/g
HMMM	5.88	钛白粉	19.59
分散剂	0.466	搅拌下加入：	
乙二醇二丁醚	1.49	含羟基丙烯酸酯乳液	60.641
水	9.79	二甲氨基乙醇（15%水溶液）	1.49
二甲氨基乙醇	0.093	对甲苯磺酸（10%水溶液）	0.56
松香	5.19		

注：150 ℃ 固化 30 min。

表 4.14　平光家具乳胶清漆配方设计

组　成		质量/g	组　成		质量/g
A 组分	平光剂	2.5	B 组分	溶剂	0.5
	乙醇	3.0	C 组分	含羟基丙烯酸树脂乳液（40%固含量）	
	乙二醇	3.0		水	49.7
	水	7.0		硅油	14.0
B 组分	脲醛树脂	20.0		二甲氨基乙醇至 pH = 7.5	0.3

　　首先将 A、B、C 组分各自混合好，将 A 组分和 B 组分混合，将该混合物加入 C 组分中，搅拌、过滤，用前加入对甲苯磺酸至 pH<2。

5　聚氨酯树脂涂料

聚氨酯树脂是由多异氰酸酯（主要是二异氰酸酯）与多元醇聚合而成。因该聚合物的主链中含有氨基甲酸酯基，故称为聚氨基甲酸酯，简称聚氨酯，其结构为

$$\left[RNH-\underset{O}{\overset{\displaystyle C}{\|}}-O-R'-O-\underset{O}{\overset{\displaystyle C}{\|}}-NH \right]_n$$

聚氨酯涂料的固化温度范围宽，有在 0 ℃ 以下能正常固化的室温固化漆，也有在高温下固化的烘干漆。其形成的漆膜附着力强，耐磨性，耐高低温性能均较好，同时具有良好的装饰性。

5.1　原料的性能及选择

常用的多异氰酸酯有甲苯二异氰酸酯（TDI）、二苯甲烷二异氰酸酯（MDI），其结构如下：

2, 4-TDI　　　　　2, 6-TDI　　　　　MDI

芳香族二异氰酸酯的最大缺点是涂膜长期暴露在阳光下易变黄，主要是从异氰酸酯基衍变成的芳环端氨基易被氧化。对于 MDI，其亚甲基也可以夺氢反应发生氧化，生成醌亚胺结构，因此，MDI 涂料比 TDI 涂料泛黄更严重。

脂肪族多异氰酸酯有六亚甲基二异氰酸酯（HDI），不变黄，但活性比芳香族二异氰酸酯低，漆膜硬度不及芳香族二异氰酸酯的聚氨酯漆膜。其他脂肪族二异氰酸酯有异佛尔酮二异氰酸酯（IPDI）、二环己基甲烷二异氰酸酯（H_{12}MDI）、四甲基苯二亚甲基二异氰酸酯（TMXDI）和甲基苯乙烯异氰酸酯（TMI），结构式如下：

$$OCN-(CH_2)_6-NCO$$

HDI

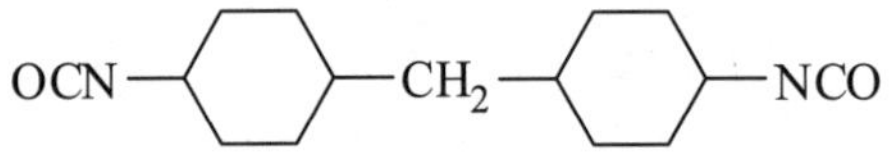

$H_{12}MDI$

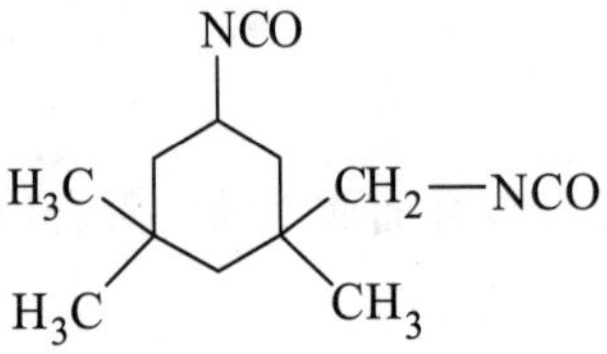

IPDI

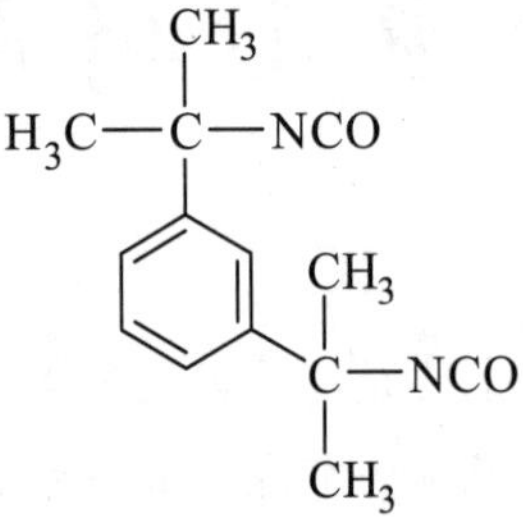

TMXDI

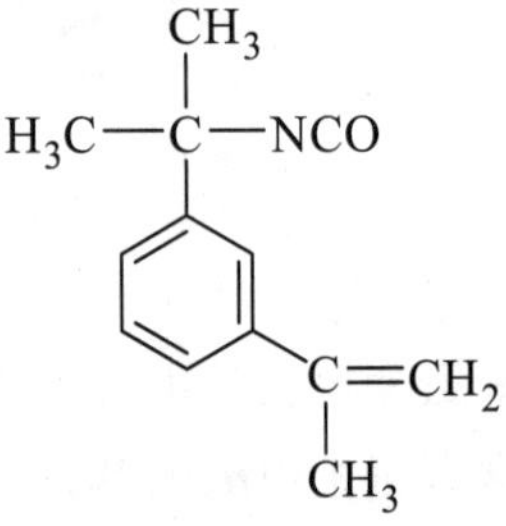

TMI

HDI 的聚氨酯涂膜具有突出的耐候性和装饰性,在涂料工业中获得了非常广泛的应用。由于其蒸气压较高,毒性较大,一般以低聚物形式存在,如 HDI 缩二脲或 HDI 三聚体;TMXDI 虽然已含有苯环,但异氰酸酯基官能团并未与苯环共轭,因而表现为脂肪族异氰酸酯的特性,并且 TMXDI 不存在与异氰酸酯基相连接的活泼亚甲基氢,因此,TMXDI 的涂膜具有极好的耐候性、耐久性、耐水解性、保光保色性和突出的断裂伸长率。$H_{12}MDI$、IPDI 和 TMXDI 主要用于制备低聚体、端羟基聚氨酯和封闭型异氰酸酯。

最常用的多元醇为由直链脂肪二元酸合成的端羟基聚酯,其聚氨酯漆膜具有极好的韧性,聚醚多元醇一般多用于聚氨酯发泡而少用于聚氨酯涂料中,但由四氢呋喃催化聚合生成的聚亚丁基二元醇,其聚氨酯漆膜具有好的物理性能。

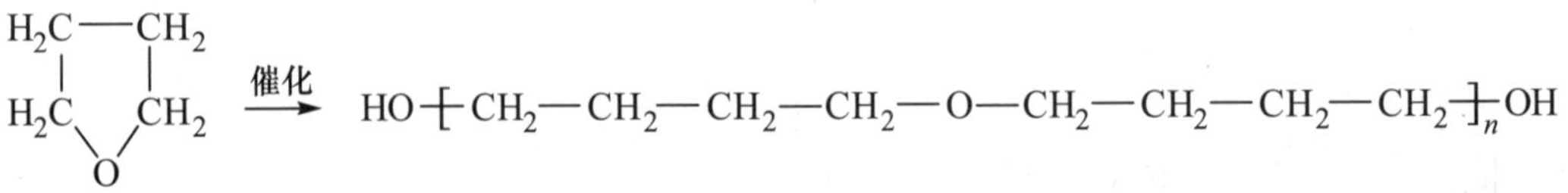

羟基己酸内酯与二元醇反应,生成相对分子质量分布较窄的端羟基聚酯,其突出的优点是无水生成。

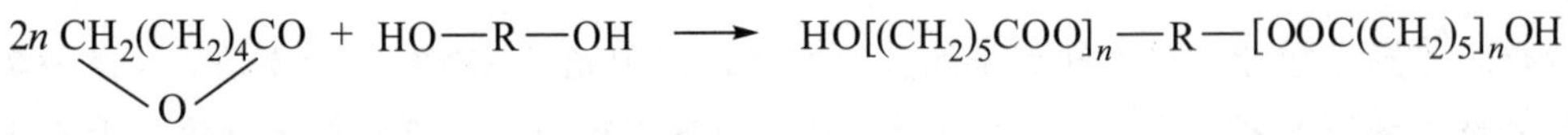

$$2n\ CH_2(CH_2)_4CO + HO-R-OH \longrightarrow HO[(CH_2)_5COO]_n-R-[OOC(CH_2)_5]_nOH$$

另一类常用的多元醇为含羟基丙烯酸酯和丙烯酸改性聚酯,具有极好的颜色稳定性和物理性能。

多异氰酸酯和二元醇或多元醇的反应均需加入催化剂,最常用的催化剂有碱性催化剂,主要是三元胺或能产生三元胺的物质。常用三元胺的活性比较如表 5.1 所示。

表 5.1　三元胺催化剂的活性

胺	pK_b	丁醇/异氰酸酯相对速率
三甲基胺	9.9	2.2
二甲基乙基胺	10.2	1.6
二乙基甲基胺	10.4	1.0
三乙基胺	10.8	0.9
二乙基二胺	8.2	3.3

有机金属化合物催化剂有二月桂酸二丁基锡、二醋酸二丁基锡、辛酸亚锡、环烷酸锌、环烷酸钴、环烷酸铅，以及己酸、壬酸、环烷酸、亚麻酸的某些金属盐，如铋、钙、镁、锶、钡等，其中以二月桂酸二丁基锡最常用，与胺的相对反应活性比较如表 5.2 所示。

表 5.2　两种催化剂的相对反应活性比较

催化剂	浓度/mol·L^{-1}	丁醇/异氰酸酯相对速率
无		1.0
二乙基二胺	0.025	1 200
二月桂酸二丁基锡	0.000 25	5 600

聚氨酯长期以来主要作为清漆，原因是树脂中游离的异氰酸酯基易与颜料中的水分发生反应，生成胺和 CO_2。可利用烘干、分子筛和水分清除剂等方法除去水分，但必须注意的是：① 并不是所有的颜料都在高温下稳定；② 分子筛能很有效地除去水分，但分子筛同时又是一种很有效的消光剂，因而难以制得高光泽涂料；③ 原甲酸乙酯是很有效的水分清除剂，能清除最后微量的水分，但副产物是醇，易与异氰酸酯反应，必须使用较高比例的异氰酸酯。甲苯磺酰异氰酸酯等单异氰酸酯也可作为水分清除剂。

5.2　聚氨酯树脂的种类与性能

5.2.1　单组分聚氨酯涂料

这类聚氨酯主要包括氨酯油、氨酯醇酸树脂，湿固化聚氨酯，封闭型聚氨酯，聚氨酯分散体系。

5.2.1.1　氨酯油和氨酯醇酸树脂

油在脂肪酸的位置上可含羟基（如蓖麻油）或在多元醇存在下转化成甘油二酯和单甘油酯，与二异氰酸酯反应，生成氨酯油：

二异氰酸酯的用量和产物的相对分子质量随油转化成单甘油酯和甘油二酯的程度以及二者的相对比例而变化。

氨酯醇酸树脂是以二异氰酸酯代替醇酸树脂中部分二元酸（酐），先生成酯键，然后加入二异氰酸酯与剩余的羟基在 80～95 ℃ 反应生成氨酯键。

氨酯油和氨酯醇酸树脂比通常的醇酸树脂有更好的耐碱性和耐水性，并且具有所有聚氨酯涂料的典型特性——好的耐磨性。

5.2.1.2 湿固化聚氨酯

这类树脂是含—NCO 端基的预聚物，在环境温度下与空气中的水分反应固化成膜。

为保证这类预聚物能顺利固化，常采用相对分子质量较高的蓖麻油醇解物的预聚物，与含端羟基的聚酯与过量的二异氰酸酯反应，如 MDI 和 TDI，如需保色性好，可用脂肪族异氰酸酯。—NCO 的含量一般为 10% ~ 15%。相对湿度大于 30%，可达到所需的固化速度。

5.2.1.3 封闭型聚氨酯

在高温下某些氨酯键可以分解，重新生成异氰酸酯基团。

利用这一特点，可以将某些含活泼氢化合物与异氰酸酯形成加成物，即将活泼的—NCO 基团封闭住，与含羟基组分组成单组分涂料。可用作封闭剂的物质有苯酚、酮肟、醇、己内酰胺和丙二酸酯等，如

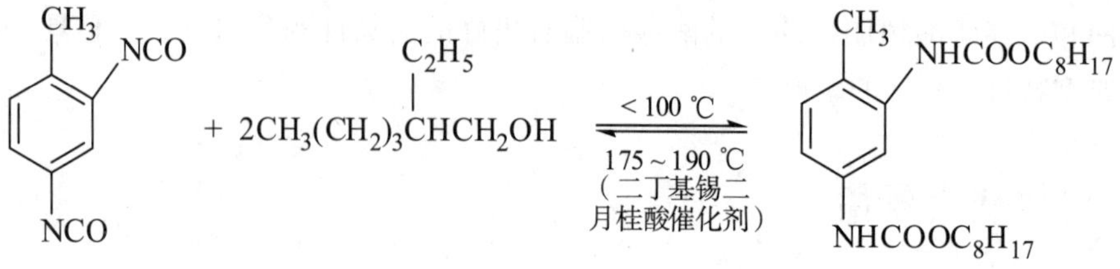

$$< 100\,℃$$
$$175 \sim 190\,℃$$
（二丁基锡二月桂酸催化剂）

$$+\ 2CH_3(CH_2)_3CHCH_2OH$$ （带有 C_2H_5 支链）

产物带有 NHCOOC$_8$H$_{17}$ 基团

5.2.1.4 分散型聚氨酯

这类聚氨酯主要是向分子链上引入极性基团或亲水基团，以形成稳定的、相对分子质量高的树脂水分散体系。

5.2.2 双组分聚氨酯

双组分聚氨酯，主要指—NCO/—OH 双组分，其品种最多，产量最大，用途最广。常用的异氰酸酯主要有 3 种类型：

（1）异氰酸酯和多元醇的加成产物，如 TDI 和多元醇如三羟甲基丙烷的加成产物。

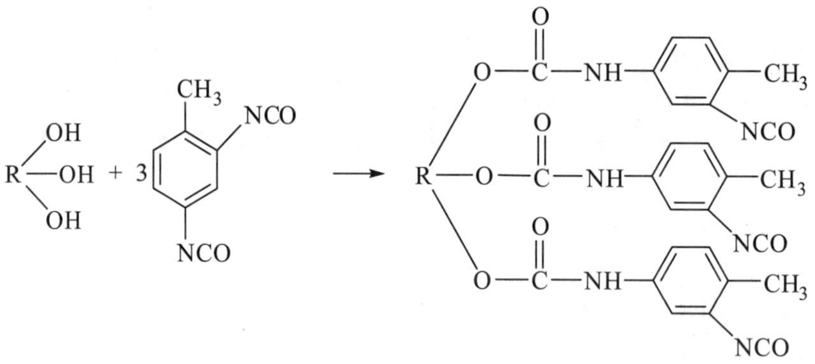

$$R(OH)_3\ +\ 3\ \text{(TDI)} \longrightarrow R[O-C(=O)-NH-\text{Ar}(CH_3)(NCO)]_3$$

（2）多异氰酸酯的低聚体，如 HDI 三聚体。

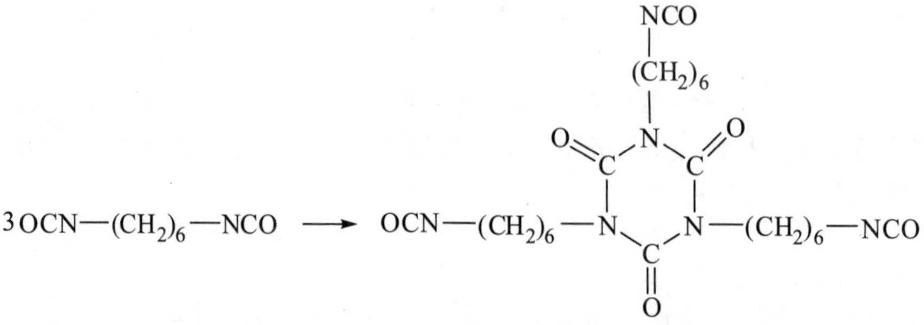

$$3\,OCN-(CH_2)_6-NCO \longrightarrow OCN-(CH_2)_6-\text{（三聚体）}-(CH_2)_6-NCO$$

HDI 三聚体

（3）多异氰酸酯和水分子反应形成缩二脲，如 3 分子 HDI 和 1 分子水反应。

$$3 OCN—(CH_2)_6—NCO + H_2O \longrightarrow \begin{array}{c} NH—(CH_2)_6—NCO \\ | \\ C=O \\ | \\ N—N—(CH_2)_6—NCO \\ | \\ C=O \\ | \\ NH—(CH_2)_6—NCO \end{array} + CO_2$$

常用的含羟基树脂主要有饱和聚酯、丙烯酸酯和聚醚。聚酯一般均含有长的疏水基团，其保色性和耐水性均优于聚醚的聚氨酯树脂。含羟基丙烯酸酯与脂肪族多异氰酸酯如 HDI 三聚体或 IPDI 三聚体反应，涂膜具有很好的硬度和极好的柔软性以及户外耐久性。

含羟基树脂的设计对于涂膜的性能非常重要，因为分子链上羟基的距离直接影响交联密度和涂膜的柔软性，距离短，交联密度大，柔软性差，但硬度、耐水性、耐化学药品性增加。

5.3　单组分聚氨酯涂料的配方设计及制备

单组分聚氨酯涂料主要包括氨酯油、封闭型、湿固化型。

5.3.1　氨酯油和氨酯醇酸树脂的配方设计及制备

氨酯油是先将干性油与多元醇进行酯交换，再与二异氰酸酯反应，加入钴、铅、锰等催干剂，以油脂的不饱和双键在空气中干燥的涂料。它的结构和计算方法与醇酸树脂相似，但反应温度比醇酸树脂低，示例如下：

用芳香族二异氰酸酯制得的氨酯油比醇酸容易泛黄，用脂肪族二异氰酸酯制得的氨酯油与醇酸的泛黄性相似。

用脂肪族二异氰酸酯制氨酯油的方法如下：

将干性油、多元醇、催化剂（4%环烷酸钙，加入量为油量的 0.1%～0.3%，不宜用黄丹，否则黏度上升太快）加入反应釜，在 230～250 ℃ 间醇解 1～2 h，待醇解符合指标后（以甲醇容忍度测定）加入溶剂共沸脱水，在 50 ℃ 滴入二异氰酸酯，搅拌 0.5 h 后，升温至 80～90 ℃，并加入催化剂（二月桂酸二丁基锡，为不挥发分总量的 0.02%），待充分反应，异氰酸酯基完全消失（以二丁胺法测定）后，加入少量醇（作为稳定剂，以防残留—NCO 在贮存时引起胶凝）及溶剂，过滤，加入抗结皮剂及催干剂。

一般投料—NCO/—OH 的物质的量之比在 0.9～1.0 之间，太高则成品不稳定，太低则残留羟基多，抗水性差，所以必须准确称量。一般氨酯油的油度较长，为 60%～70%，用亚麻油等。若配方的不挥发分中含 TDI 较多，超过 26%，则需用芳烃溶剂，含 TDI 低者可用石油系溶剂，示例如表 5.3：

表 5.3　氨酯油的配方设计

化合物	质量/g	化合物	质量/g
碱漂亚麻油	1 756	二甲苯	160
季戊四醇	288	200 号油漆溶剂油（2）	450
环烷酸钙（4%Ca）	8	二月桂酸二丁基锡	2
甲苯二异氰酸酯	626	丁醇（蒸过脱水）	60
200 号油漆溶剂油（1）	2 000	总量	5 350

$$平均有效官能度 = \frac{(6.0+7.2)\times 2}{13.6} = 1.94$$

$$\frac{n(—NCO)}{n(—OH)} = \frac{7.2}{8.0} = 0.9$$

工艺：

将亚麻油、季戊四醇、环烷酸钙在 240 ℃ 醇解约 1 h，使甲醇容忍度达到 1∶2。冷却至 180 ℃，加入第一批 200 号油漆溶剂油和二甲苯，搅匀，升温回流脱除微量水分，冷却至 40 ℃ 以下。将甲苯二异氰酸酯与第二批 200 号油漆溶剂油预先混合，在 0.5 h 内经漏斗渐渐加入，同时不断搅拌并通入氮气。加毕加入锡催化剂，升温至 95 ℃，保温、抽样，待黏度达加氏管 5 s 左右（约需 2～3 h），冷却至 60 ℃，加入丁醇使与残存的—NCO 基反应，以免成品日后黏度上升。趁温热时过滤，冷却后加入 0.1%丁酮肟抗结皮剂，搅匀，再加催干剂（按不挥发分计，0.3%金属铅、0.03%金属钴）即可装罐。此漆干燥迅速。涂膜经 7 天后测定，坚韧耐磨，可供做地板清漆、金属底漆以及塑料件真空镀铝前的"底油"等。漆的不挥发分约为 50%，其中含亚麻油 65.6%，甲苯二异氰酸酯 23.4%。

5.3.2　封闭型聚氨酯涂料的配方设计及制备

　　封闭型聚氨酯涂料的成膜物质是由多异氰酸酯及多羟基树脂两部分组成的。其中异氰酸酯已被苯酚或其他单官能团的含活泼氢原子的物质所封闭，因此两部分可以合装而不反应，成为单组分涂料，具有极好的贮存稳定性。

　　苯酚封闭：

$$R-N{=}C{=}O + HO-\!\!\bigcirc\!\!- \rightleftharpoons R-\overset{H}{N}-\overset{\overset{\displaystyle O}{\|}}{C}-O-\!\!\bigcirc$$

　　己内酰胺封闭：

$$R-N{=}C{=}O + HN\!\!\left\langle\begin{array}{l}\overset{\overset{\displaystyle O}{\|}}{C}-CH_2-CH_2\\ CH_2-CH_2-CH_2\end{array}\right. \rightleftharpoons R-\overset{H}{N}-\overset{\overset{\displaystyle O}{\|}}{C}-O-N\!\!\left\langle\begin{array}{l}\overset{\overset{\displaystyle O}{\|}}{C}-CH_2-CH_2\\ CH_2-CH_2-CH_2\end{array}\right.$$

　　丙二酸酯封闭：

$$R-N{=}C{=}O + \underset{COOR'}{\overset{COOR'}{CH_2}} \rightleftharpoons R-\overset{H}{N}-\overset{\overset{\displaystyle O}{\|}}{C}-O-\underset{COOR'}{\overset{COOR'}{CH}}$$

　　在加温下则氨酯键裂解生成异氰酸酯，再与多羟基树脂反应而成膜。

$$RNHCOOC_6H_5 \xrightarrow{\triangle} RN{=}C{=}O + C_6H_5OH\uparrow$$

　　因此封闭型聚氨酯漆的成膜就是利用不同结构的氨酯键的热稳定性的差异，以较稳定的氨酯键来取代较弱的。

　　尽管介绍的封闭剂很多，但是芳香族聚氨酯涂料实际生产中所采用的主要还是苯酚或甲酚，脂肪族聚氨酯涂料则不用酚以免变色，主要采用己内酰胺等（用于粉末涂料、卷材涂料），也采用丁酮肟用于工业产品涂料以降低烘烤温度。

　　被封闭的多异氰酸酯组分，工业上较多的是：① 氨酯加成物型；② 三聚异氰酸酯型。除了上述两种封闭的多异氰酸酯以外，也有己内酰胺封闭的 HDI 缩二脲及其他多异氰酸酯，如异辛醇封闭的芳香族异氰酸酯可应用于阴极电泳漆，苯酚封闭的弹性多异氰酸酯应用于密封胶等。

　　几种典型工业产品的制备：

　　（1）苯酚封闭 TDI 加成物，由 3 mol TDI 与 1 mol 三羟甲基丙烷加成，再以 3 mol（或略过量）的苯酚或甲酚封闭。

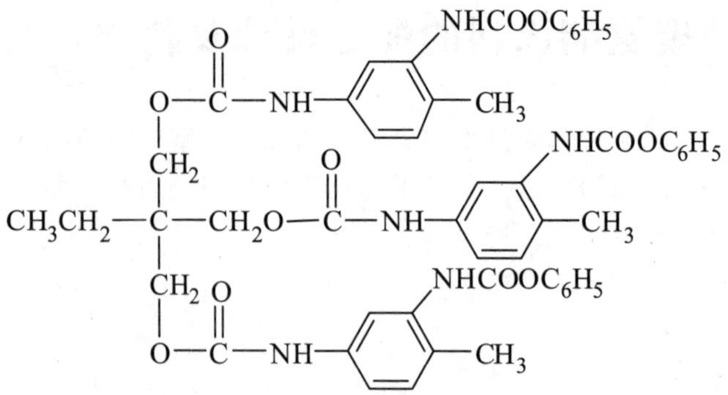

制法：将苯酚溶于乙酸乙酯中，将 TDI/三羟甲基丙烷加成物的溶液加入混匀（或苯酚稍过量 2%～5%）。将溶液加热至 100 ℃，保持数小时（或可加入少量叔胺以促进反应），抽样以丙酮稀释，到加入苯胺而无沉淀析出时，表示异氰酸酯已封闭完成，即可停止。蒸除溶剂，产品是固体，软化点 120～130 ℃，含 12%～13%有效—NCO，是封闭型常用的交联剂。

（2）苯酚封闭的 TDI 三聚异氰酸酯型，因含稳定的三聚异氰酸酯环，比上述苯酚封闭的 TDI 加成物的耐热性高，可先由 3 mol TDI 与 3 mol 苯酚在 150 ℃ 反应，在 TDI 的 4 位上生成氨酯：

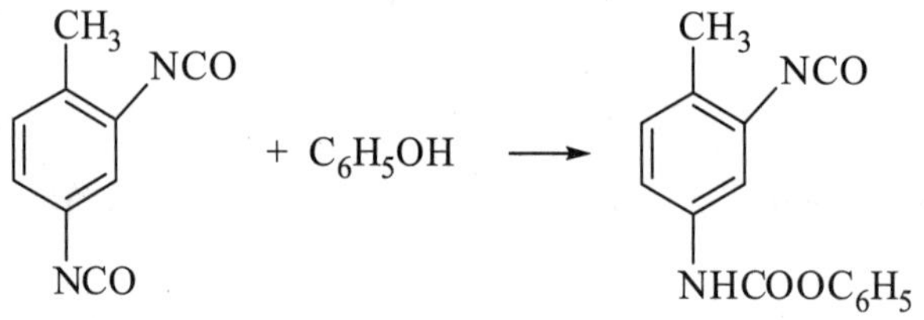

再将上述氨酯在 160 ℃ 加热，并加入催化剂使其三聚而成。产品全溶于乙酸乙酯、丙酮等。

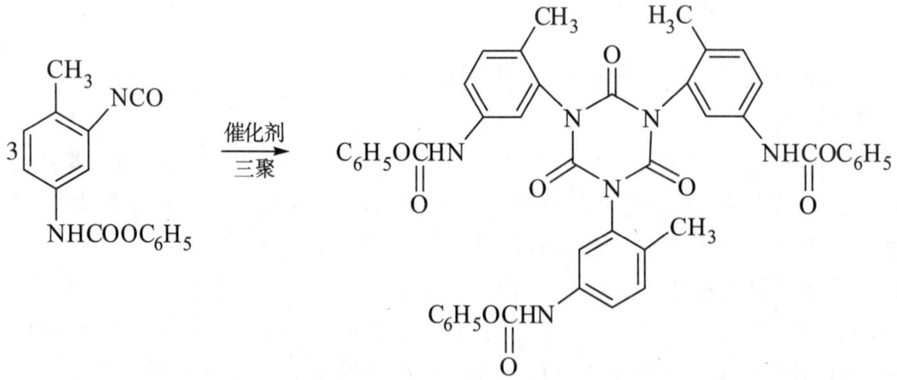

（3）HDI 缩二脲也可用丙二酸酯封闭，则烘烤温度可稍降低。

封闭型聚氨酯涂料的应用优点是单组分、施工烘烤不需改动设备，漆膜性能与双组分漆相同，可广泛调节。其缺点是常需高温烘烤，不能用于木材、塑料上，封闭剂在烘烤后挥发，污染大气，而且封闭剂（如己内酰胺、丁酮肟等）的消耗也是浪费。

5.3.3　潮气固化聚氨酯涂料的配方设计及制备

潮气固化聚氨酯涂料是含—NCO 的预聚物，通过与空气中潮气反应生成脲键而固化成膜。这种漆的优点是既具有聚氨酯漆的优良性能，又有单罐装涂料施工方便的特点，不像双组分漆必须临时调配，在规定时限内用完，若调配得太多，则多余部分次日将胶结报废。配料的麻烦，从技术上看来，似乎非常简单，但若配料管理偶尔失慎不准，甚或粗心的施工人员将其中的单一组分涂在构件上，会造成大规模返工。而单罐装潮气固化聚氨酯涂料则是在造漆厂内严格制造检验，不必临时调配，可避免此类事故。

但是潮气固化型也有以下不足之处：

（1）干燥速率受空气温度影响，温度太低就干得慢，冬季受到温度低和绝对温度低的双重影响，因此对寒冬气候适应性不及双组分漆，配制时须酌情加催干剂。

（2）加颜料制色漆较为麻烦。

（3）施工时每道漆之间的间隔时间不能太长，否则会影响层间附着力。

（4）此漆成膜时形成脲键，同时产生许多 CO_2，所以漆膜不宜涂得太厚，否则不利于 CO_2 的逸出。

潮气固化涂料除单组分施工方便外，另一特点是其机械耐磨性往往比双组分聚氨酯涂料好。

制造预聚物潮气固化涂料要考虑下列因素：

（1）相对分子质量要足够大，不需要加入其他配伍剂就能单独迅速干燥，并有令人满意的机械性能。这就是预聚与前述双组分漆的加成物不同之处。加成物的相对分子质量低，必须加入配伍剂才能获得良好的机械性能。

（2）交联密度高则漆膜抗溶剂性、抗药品性提高，交联密度低，则挠性提高。

（3）在同等的交联密度下，增加聚合物中氨酯基含量，则漆膜的硬度和韧性提高。

制造预聚物的主要方法有以下 2 种。

第一种是用相对分子质量较大的聚酯或聚醚（其中可含氨酯键）与二异氰酸酯反应，$n(—NCO)/n(—OH)$ 为 2 以上，即把原有较复杂的大分子用异氰酸酯封端。

第二种是将二异氰酸酯与相对分子质量较低的二元或三元聚醚反应，$n(—NCO)/n(—OH)$ 低于 2，一般在 1.2 ~ 1.8 之间。就是说，由于 $n(—NCO)/n(—OH)$ 低于 2，在以异氰酸酯封端的同时，使预聚物的相对分子质量提高，聚醚链段中嵌入氨酯键，提高机械强度，并保证迅速干燥。聚醚的羟基大多是仲羟基，作为双组分漆在常温下干燥稍慢。若把它加工成潮气固化预聚物，可在反应釜中加热，使仲羟基充分反应，留出端基—NCO 可潮气固化。漆膜中没有酯键，耐碱性高，适宜用作耐腐蚀漆、耐磨地板漆等。但聚醚不耐户外紫外线，容易氧化降解，需加入紫外线吸收剂或抗氧剂。

以第一种制造预聚物的方法举例。

以聚酯和环氧树脂的混合物为基础，用过量的甲苯二异氰酸酯封端的预聚物，聚酯是由己二酸、三羟甲基丙烷、一缩乙二醇缩合，并溶于溶剂制成溶液，不挥发分 47%，含羟基 3.6%左右。

第一步，制备聚酯，配方如表 5.4 所示：

表 5.4 聚酯配方

组 成	质量分数/%	组 成	质量分数/%
己二酸	22.9	环己酮	25.0
一缩乙二醇	16.6	二甲苯	25.0
三羟甲基丙烷	10.5		

将己二酸、一缩乙二醇、三羟甲基丙烷投入反应釜，通入 CO_2，渐渐升温至 150 ℃，再以每小时 10 ℃ 的速度缓慢升温至 210 ℃，保持至酸值 5 以下，冷却至 140 ℃，加入环己酮及甲苯，搅拌 0.5 h，过滤贮存。

第二步，制备环氧树脂溶液，配方如表 5.5 所示。

表 5.5 环氧树脂配方

组 成	质量分数/%
E-12 环氧树脂	25
甲苯	37.5
环己酮	37.5

将环氧树脂和溶剂投入不锈钢反应釜，升温溶解，开动搅拌，升温至回流，以充分溶解并除净微量水分，冷却。

第三步，制备预聚物，配方如表 5.6 所示。

表 5.6 预聚物配方

组 成	质量/kg
E-12 环氧树脂液（25%）	35.2
聚酯液（含羟基3.6%）	35.2
H_3PO_4（85%）	0.05

将上述溶液投入反应釜，加热至 123 ℃ 开始有水共沸脱出，逐渐升温至 142 ℃，脱水基本完成，冷却至 40 ℃，再加入 TDI 27.5 kg。搅拌 30 min 后，缓慢升温至 90 ℃，保温 3 h，加入乙酸丁酯纤维素（5%溶液）1.9 kg，冷却至 40 ℃，出料包装。

5.4 双组分聚氨酯涂料的配方设计及制备

5.4.1 预聚物催化固化双组分聚氨酯涂料的配方设计及制备

预聚物催化固化聚氨酯涂料的结构基本上与前述气固化型相似，与潮气固化型差别之处是其本身干燥较慢，施工时需加胺等催干剂以促进干燥，典型的是加少量甲基二乙醇胺。

$$H_3C-N\begin{array}{c} CH_2CH_2OH \\ CH_2CH_2OH \end{array}$$

甲基二乙醇胺的两个羟基均能与预聚物的—NCO 交联，而叔氮原子又有催干作用。例如，一种催化固化的预聚物用作体育馆地板漆，实效良好，其配方如表 5.7 所示。

表 5.7 体育馆地板漆配方设计

组　成	质量/kg
蓖麻油	26.88
甘油	1.97
环烷酸钙（4%Ca）	0.05
以上投料在 240 ℃醇解 2 h 后，降温至 40 ℃以下，加入：	
TDI	21.0
二甲苯（留洗加料斗）	6.3
二甲苯	43.7
在 80 ℃充分反应后，黏度达加氏管 2~3 s，冷却出料	
催化剂溶液：	
甲基二乙醇胺	0.5
二甲苯	9.5

配漆比例，施工前把两组分混合：预聚物（甲组分）1000 g，催化剂溶液（乙组分）26 g。

以上制备预聚物的投料 $n(—NCO)/n(—OH)$ 为 1.7，如需消光，可酌情加消光剂如 Syloid ED50 等。

除了蓖麻油的醇解物以外，也可用聚醚制预聚物。下述是一种廉价的催化固化聚氨酯漆。

第一步，制造醇酸树脂，配方如表 5.8 所示。

表 5.8 醇酸树脂配方设计

组　成	质量/kg	组　成	质量/kg
蓖麻油	454.8	回流用二甲苯	30.0
甘油（95%~98%）	43.0	稀释用二甲苯	560.0
苯酐	102.6		

操作在 210 ℃酯化至酸值<5，压入兑稀釜中稀释搅匀，冷却至 40 ℃出料，得到醇酸树脂液，不挥发分 50%左右，羟基含量 1.7%。

第二步，制预聚物，配方如表 5.9 所示。

表 5.9　预聚物配方设计

组　成	质量/kg	组　成	质量/kg
蓖麻油醇酸（50%，即上述醇酸树脂）	520	二甲苯	50
TDI（80/20）	90	甲苯	40

操作：将醇酸树脂及溶剂投入 1 m³ 搪瓷或不锈钢反应釜（带夹套）中，升温回流以驱除树脂中及反应釜壁所吸附的微量水分至分水器，冷却至 40 ℃，加入 TDI，搅拌 0.5 h，使其与醇酸树脂的羟基反应，逐渐升温至 80 ℃，保持 2~4 h（最后也可酌情加少量 DBTL 催化）。此时—NCO 值及黏度均趋稳定，即可冷却至 40 ℃，装罐（为甲组分）。此漆本身干燥缓慢，须在施工加 0.2%甲基二乙醇胺（乙组分）。施工时限约数小时，此时除—NCO 与羟基交联外，叔胺能催化—NCO 与潮气反应而固化。

类似的蓖麻油预聚物涂料，在我国华东地区广泛用作木器漆。它是在 1968 年 5 月由上海家具涂料厂所开发，所以取名为"685 清漆"。685 清漆分为两个组分，甲组分是含—NCO 的蓖麻油/甘油预聚物，乙组分是蓖麻油醇酸，并加入顺丁烯二酸改性松香季戊四醇酯，以提高抛光性及固体含量。甲、乙两组分并非按 $n(—NCO)/n(—OH)$ 化学计量计算，而是甲组分过量甚多，所以其性质是：一部分是羟基固化，一部分是潮气固化。即使漆工配甲、乙的比例不准，也能固化。因其价廉，销量甚广，但与国外木器用聚氨酯漆相比，则差距甚大。

5.4.2　—NCO/—OH 型双组分聚氨酯涂料的配方设计及制备

在这类双组分涂料中，一组分为带—NCO 的异氰酸酯组分，简称 A 组分或甲组分，另一组分为带—OH 的羟基组分，简称 B 组分或乙组分，使用前将 A、B 组分按比例混合，利用—NCO 和—OH 反应而生成聚氨酯。为了促进涂膜快速干燥，常使用少量催化剂作为第三组分或将催化剂预先加入 B 组分中。

这类涂料既可室温固化，也可低温烘烤固化，不论以何种形式固化，其固化成膜过程都是多种化学作用的结果，因此涂膜性能受多种因素影响。以上带来了两方面的结果：一方面，调整配方为按预定目标配制多品种、多性能、多用途的聚氨酯涂料提供了多种途径；另一方面，增加了设计聚氨酯涂料配方的难度，欲得到满意的涂料配方，必须对各种因素予以综合考虑。在各类聚氨酯涂料中，这类涂料的品种最多，产量最大，用途最广。其中主要是以 TDI/TMP 加成物和各种聚酯配制的芳香族聚氨酯涂料。

由于在生产过程中，对 A 组分中的游离异氰酸酯已经进行过处理，其含量均低于工业卫生标准允许的数值，所以完全没有毒性。但很多厂家生产的产品，其游离异氰酸酯含量常常超标，以致在使用中发生中毒现象。生产厂家对此应予充分重视，否则会带来严重后果。下面我们将对 A、B 组分的选用，涂料配制，施工应用等进行讨论。

5.4.2.1　多异氰酸酯组分（A 或甲组分）

多异氰酸酯组分应具备以下条件：

（1）良好的溶解性以及与其他树脂的混溶性；

（2）与羟基组分拼和后，施工时限较长；

（3）足够的官能度和反应活性，—NCO 含量高；

（4）贮存稳定性好；

（5）低毒。

直接采用挥发性的二异氰酸酯（如 TDI、HDI 等）配制涂料，则异氰酸酯挥发到空气中，危害工人健康，而且官能团只有 2 个，相对分子质量又小，不能迅速固化。所以必须把它加工成低挥发性的低聚物，使二异氰酸酯与其他多元醇结合，或本身聚合起来。

加工成不挥发的多异氰酸酯的工艺有以下 3 种：

（1）二异氰酸酯与多元醇（如三羟甲基丙烷等）加成，生成以氨酯键连接的多异氰酸酯，常称为加成物。

（2）二异氰酸酯与水等反应，形成缩二脲型多异氰酸酯，典型的如 HDI 缩二脲型多异氰酸酯，在我国广泛应用。

（3）二异氰酸酯聚合，成为三聚异氰酸酯，化学名称为异氰脲酸酯的多异氰酸酯。一般的二聚体不稳定，很少用于涂料工业生产。仅 IPDI 的二聚体有工业产品，作为粉末涂料的固化剂，经烘烤解聚而起交联作用。

5.4.2.2 多羟基组分（B 组分或乙组分）

众所周知，—NCO 的化学性质非常活泼，能与—NCO 反应的基团非常多。—NCO 与—OH 的反应是聚氨酯涂料化学中最基本和最主要的反应，不论是加成物或预聚物的制备，还是—NCO/—OH 型双组分聚氨酯涂料的固化成膜，都是以这一反应为基础的。因此，从广义上讲，凡是含有羟基的物质，都能用作—NCO/—OH 型双组分聚氨酯涂料的羟基组分。但事实上并非如此。其一，含羟基组分很多，性质上的差异非常大，并不是所有含羟基物质都能用来配制聚氨酯涂料，而必须满足一些特定的条件；其二，随着 A 组分的不同，也应选择不同的羟基组分与之匹配，否则是不能获得良好效果的。总之，对于 B 组分的基本要求是：

（1）与 A 组分有很好的混溶性；

（2）要有足够的羟基，用以和—NCO 交联成膜；

（3）无低分子单体和水分等杂质，酸价应尽可能低。

在—NCO/—OH 型双组分聚氨酯涂料中应用的 B 组分，有聚酯、聚己内酯、聚醚、醇酸树脂、含羟丙烯酸树脂、有机硅树脂、环氧树脂、含羟基乙烯树脂、纤维素及其衍生物、醛酮树脂、蓖麻油衍生物、酚醛树脂、不饱和聚酯、煤焦沥青等。其中以蓖麻油衍生物、聚醚、聚酯等的应用最早也最广泛。沥青主要用来配制各种防腐蚀涂料。聚己内酯和含羟丙烯酸树脂主要用来和 HDI 缩二脲配制保色、保光、耐候的高装饰性涂料。

5.4.2.3 —NCO/—OH 型双组分聚氨酯涂料实例

1）聚酯固化聚氨酯涂料

这类涂料的 A 组分常用 TDI-TMP 加成物，有时也用甲苯二异氰酸酯预聚物。作为 B 组分的聚酯，一般是由苯酐或己二酸和过量三羟甲基丙烷、一缩乙二醇、1,3-丁二醇等缩合而成的。若全采用二元醇，聚酯呈线型结构，交联涂膜弹性较好，但耐腐蚀性较差。反之，若全采用三元醇，可得高度支化的聚酯，制成的涂膜坚硬、耐腐蚀和耐溶剂性好，但柔韧性欠佳，所以常采用混合聚酯来调节其性能。另外，为了降低成本，可用醇酸树脂代替全部或部分聚酯；为了提高涂膜的耐腐蚀性能，可将过量的聚酯和 TDI 反应以制备带氨基甲酸酯键的聚酯树脂，然后用它们分别和 A 组分配漆，均可收到较好的效果。

聚酯固化聚氨酯涂膜具有良好的耐候性和耐溶剂性、耐化学腐蚀性能、耐油性等，但耐水性不够理想。该涂料主要用于油缸、油槽和机床、车辆、家电、轻工产品、飞机等防护性和装饰性涂装。定型生产的品种 S04-1 各色聚氨酯磁漆，是以 TDI-TMP 加成物为 A 组分，蓖麻油甘油苯酐醇酸树脂（羟基含量 4.4%）色浆为 B 组分，按 $n(—NCO)/n(—OH) = 1.11$ 配制而成的。涂膜坚硬、光亮、耐磨、附着力好，有很好的耐油性、耐溶剂性，其耐酸、耐碱、耐化学腐蚀及防霉性也较好，适宜在湿热带及化工环境下用作防腐蚀涂料，用于油缸内壁及石油化工设备防腐蚀涂装，和 S06-1 棕黄（或锌黄）聚氨酯底漆配套使用，能取得良好的效果。S06-1 棕黄（或锌黄）聚氨酯底漆，也是由 TDI-TMP 加成物 （A 组分）和蓖麻油醇酸树脂配制而成的。涂膜的附着力强、耐油、耐碱、耐酸、耐化学药品性和防霉性都较好，除和 S04-1 配套使用外，也用于桥梁盖板的防腐蚀打底。

2）聚醚固化聚氨酯涂料

这类涂料是继聚酯固化聚氨酯涂料之后出现的涂料品种，不仅具有原料来源丰富、价格低廉的特点，而且耐碱、耐水；还可在广泛范围内调整其物理和机械性能，通用性好，可制成多品种、多性能的涂料产品。这类涂料发展很快，但含醚键，在紫外光作用下易氧化成过氧化物，使涂膜易于粉化和失光，因此不宜户外应用，适宜做低温或室内耐化学腐蚀涂料、耐油涂料及地板涂料等。

在这类涂料中常用的 A 组分有 TDI-TMP 加成物、TDI-蓖麻油醇解物的预聚物、TDI-聚醚预聚物等。

在用聚醚和 A 组分配制及使用聚醚固化聚氨酯涂料时，有几点值得注意：① 在制备聚醚时使用了碱催化剂，如聚醚中碱残留量太高，在以后和异氰酸基（—NCO）反应时有催化作用，易引起胶化，这时可加适量酰氯中和再使用；以胺为引发剂制得的聚醚本身就带有碱性，所以在使用时应特别注意这点。② 聚醚的聚合度越大，羟值越低，聚醚固化聚氨酯涂膜的柔韧性越好。③ 因聚醚相对分子质量小，羟值低，其反应活性小，如直接用于自干型涂料，在潮气竞争下往往不易反应完全，常通过和异氰酸酯的反应而制成含氨酯键的聚醚来改进。

使用改性后的聚醚配制的聚醚固化聚氨酯涂料，不仅改善了干燥速度，而且可提高涂膜的物理性能、机械性能和耐化学腐蚀性能，目前已广泛采用此种方式制备聚醚固化聚氨酯涂料。例如，由 1 mol N-204 聚醚和 2 mol 癸二酸反应而生成酸性聚酯，再与 2 mol 一缩乙二醇酯化而成聚醚酯，用来和 TDI-蓖麻油醇解物的预聚物配制聚醚酯固化聚氨酯涂料，加入适量的高效催化剂即可获得满意的固化速度。同时因其结构中除含有氨酯键、醚键、酯键等极性基团外，还含有蓖麻油带入的长链烷烃，使涂膜柔韧、耐水，它和云铁及钼粉等片状颜料配制的聚醚酯-聚氨酯磁漆，抗渗、耐候，用于橡胶水坝的抗老化、防腐、耐磨涂料，已取得很好效果。采用类似的方法也可制得聚醚聚氨酯固化聚酯涂料，其固化涂膜中酯键含量很少，主要是氨酯键，因此涂膜强韧、耐酸、耐碱；此外，结构中的叔胺还有自催化作用，可使其在室温下迅速固化成膜。用作化工大气防腐涂料，耐周期性的湿、热、氯、氨的作用，其抗腐蚀性能超过了聚酯聚氨酯和过氯乙烯防腐蚀涂料，而和烘干型环氧酚醛防腐涂料相当。

3）羟基丙烯酸树脂固化聚氨酯涂料

这类涂料主要是指由羟基丙烯酸树脂和 HDI 缩二脲多异氰酸酯配制的一种较新的涂料，其综合性能好，和氨基丙烯酸树脂及其他类型的涂料相比，固化温度低，固体分高，施工道数少，溶剂用量少，污染小，表干快，适于流水作业；涂膜物理、机械性能及装饰性、耐候性、防腐蚀性能都很好，而且配方的可调节性很大，可配制出多品种、多性能的涂料，以满足各个方面的需求。近年来，该涂料已在航空工业、汽车工业、铁道车辆、电器仪表、家用电器以及其他工业部门获得了日益广泛的应用。

配制羟基丙烯酸树脂聚氨酯涂料，可选用不同规格的丙烯酸树脂（其羟值为 50～250 和 HDI 缩二脲拼合，其用量按 $n(—NCO)/n(—OH)$ 常为（1：1.3）～（1：1.8）计算，以辛酸锌为催化剂（其用量为漆基质量的 0.5%～2.0%），即可获得满意效果。欲配制色漆，常用羟基丙烯酸树脂轧浆，然后在一定颜基比（20：80）下，考虑 $n(—NCO)/n(—OH)$，计算出 HDI 缩二脲的用量和应补加的含羟丙烯酸树脂。这样计算虽然麻烦一点，但可得到预期的满意结果。

4）环氧树脂固化聚氨酯涂料

环氧树脂中的仲羟基能和异氰酸酯反应，环氧基在加热或胺的作用下，也能开环和异氰酸酯反应，因此，可制成室温固化和低温固化的环氧聚氨酯涂料。

环氧树脂上的羟基和异氰酸酯基的反应可表示如下：

$$\text{\textasciitilde CH}_2\text{—CH—CH}_2\text{\textasciitilde} + \text{\textasciitilde RNCO} \longrightarrow \text{\textasciitilde CH}_2\text{—CH—CH}_2\text{\textasciitilde}$$

$$\underset{\displaystyle OH}{|} \qquad\qquad\qquad\qquad \underset{\displaystyle NHC\text{—}OR\text{\textasciitilde}}{\underset{\displaystyle \overset{\displaystyle \|}{\displaystyle O}}{|}}$$

环氧聚氨酯涂料为双组分涂料，环氧树脂及其色浆和溶剂为一组分，聚异氰酸酯为另一组分。为了保证环氧聚氨酯涂料在室温下能迅速固化成膜，环氧树脂分子中必须有足够数量的羟基，环氧树脂的相对分子质量至少应在 1 400 以上，最好采用相对分子质量为 2 900～3 800 的高相对分子质量环氧树脂，这种涂膜的防腐蚀性能更好。环氧树脂分子中的仲羟基和异氰酸酯的反应产物含有仲胺基，它也能使环氧基开环，1 个环氧基开环后相当于 2 个羟基，继续和异氰酸酯反应而交联成膜，所以大多数环氧聚氨酯涂料都是室温固化的。但在 80 ℃以上烘烤 0.5～1 h 后，可形成脲基甲酸酯键，提高了涂膜的耐腐蚀性能。

使用酸性树脂的羧基也能使环氧基开环生成羟基，然后再和异氰酸酯基反应，在环氧树脂中加入适量蓖麻油乙醇醇解物也能起到加速固化的作用。

环氧固化聚氨酯涂料兼有环氧和聚氨酯的优异性能，涂膜附着力强，耐碱、耐化学腐蚀、耐盐水等性能均有提高，耐温性也比聚酯固化聚氨酯涂料好。该涂料主要用作油化工防腐蚀涂料和耐盐涂料。但由于环氧树脂中含有醚键，不宜用作耐户外暴晒的装饰性涂料。

环氧固化聚氨酯涂料的典型代表是尿素造粒塔用环氧固化聚氨酯防腐蚀涂料，包括清漆、磁漆、底漆和腻子配套体系。此漆以 TDI-蓖麻油醇解物的预聚物为 A 组分，634 环氧树脂为 B 组分，二甲基乙醇胺催化剂为 C 组分，用环氧树脂液和不同的颜填料轧制成浆，配制成各种腻子、底漆和磁漆。

5）聚氨酯沥青涂料

聚氨酯沥青是继环氧沥青之后较新的防腐蚀涂料品种，是由聚氨酯树脂和煤焦沥青等配制而成的。煤焦沥青中含有许多稠环和杂环化合物，其活性氢含量为 0.8% ~ 10%（因产地而异），包括在酚基、氨基、醇羟基和亚氨基等基团上的氢原子。它与—NCO 的反应分两个阶段，在常温下与氨基、亚氨基、醇羟基等反应，加热后则与酚基反应。聚氨酯沥青有双组分和单组分湿固化两种，双组分的性能优于单组分，而且单组分湿固化聚氨酯沥青漆对其原料和溶剂的脱水要求较高，所以工业生产品种大多是双组分的。

聚氨酯沥青漆的 A 组分常用 TDI-蓖麻油醇解物的预聚物，或 TDI-蓖麻油醇解物-聚醚的醚油预聚物及 TDI-聚醚预聚物。B 组分是由煤焦沥青和多羟组分如聚酯、聚醚环氧等组成的，如需户外应用，可加入铝粉、铁红等颜料。制备时需将多羟组分逐渐加到沥青中，次序不能颠倒，否则有沥青析出，影响涂膜性能。沥青中含有 N、S 等元素，因其催化作用，可加速聚氨酯沥青涂料固化成膜，但也易引起过早胶化，在使用时应引起注意。

煤焦沥青价廉而抗水性优异，加入聚氨酯树脂后可提高其耐油性，改善热塑化和冷裂等缺点，因此聚氨酯沥青涂膜均具有优异的耐水性、抗渗性和耐油性。其弹性可通过多羟组分来调节，若以环氧树脂为多羟组分，则其附着力和耐化学腐蚀性能有很大提高。聚氨酯沥青的缺点是耐候性欠佳，户外使用易粉化。宜用作水下海洋防腐蚀涂料和石油化工贮槽内壁防腐蚀涂料，也可用于一般石油化工和船舶、水利工程的防腐蚀涂装，在海洋中浸泡达 5 年之久，涂膜依然完好。

聚氨酯沥青防腐蚀涂料在国内得到广泛应用，但定型产品不多，主要代表产品有 S06-7 棕黑聚氨酯沥青底漆（分装）和 S04-12 铝粉聚氨酯沥青磁漆（分装）等。S06-7 和 S04-12 配套使用，用于钢制水闸闸门的防腐蚀涂装，效果尚佳。在实际工作中，聚氨酯沥青漆常根据需要自行配制。

5.5 聚氨酯互穿网络聚合物涂料

1）聚氨酯/环氧树脂 IPN

以聚醚聚氨酯、聚酯聚氨酯或蓖麻油预聚物和双酚 A 型环氧树脂为原料，采用同步法制得的聚氨酯/环氧树脂 SIN 为基料，配制而成的聚氨酯阻尼涂料，具有很好的阻尼性能。以丙烯酸交联的聚氨酯和环氧交联的聚氨酯所形成的 IPN 为基料，所配制的聚氨酯清漆，具有很好的耐腐蚀性能和机械性能，经盐雾试验 240 h 后，划线处锈蚀扩展仍小于 2 mm，其冲击强度大于 18 N·m，铝-铝剪切强度大于 5.52 MPa，可用于海洋气候条件下的防腐涂装。此外，用聚氨酯、丙烯酸酯和环氧树脂制备的三组分用聚氨酯离子聚合物和环氧树脂、羟丁腈聚氨酯和环氧树脂、聚氨酯和丁腈橡胶增韧环氧树脂、丙烯酸改性聚氨酯预聚物和环氧树脂、乙二醇聚醚聚氨酯和环氧树脂等，按不同工艺而制成的各种聚氨酯/环氧树脂 IPN，可在涂料和黏结剂的领域里，开拓许多崭新的用途。

2）聚氨酯/丙烯酸树脂 IPN

采用以 ε-己内酯为扩链剂制得的交联丙烯酸聚氨酯（Ⅰ）和亚己基二异氰酸酯交联固化的丙烯酸树脂（Ⅱ）为原料，按特定工艺所制得的聚氨酯/丙烯酸树脂具有极好的柔韧性和极高的伸长率，同时还具有优异的耐候性、耐溶剂性（甲乙酮和二甲苯）和附着力（钢-钢剪切强度>6.9 MPa），用作汽车面漆和家具涂料，均有极好的装饰效果。以可见光固化的双组分聚氨酯和交联丙烯酸酯所形成的 IPN 的基料，所配制的聚氨酯/丙烯酸树脂 IPN 高固体分涂料，其固体分高达80%以上，还具有优异的耐候性、耐溶剂、抗冲击等性能。由蓖麻油预聚物和聚丙烯酸甲酯、聚丙烯酸丁酯等形成的聚氨酯/丙烯酸树脂具有优良的物理机械性能、耐腐蚀性能、耐溶剂性、耐热性、耐磨性和绝缘性。若采用 HDI 的预聚物或 IPDI 的预聚物和聚丙烯酸酯形成的 IPN，还具有优异的耐候性和保色、保光性及装饰性。此外，还有各种形式的丙烯酸共聚物和聚氨酯形成的 IPN，在涂料、黏结剂和薄膜材料中都获得了广泛应用。

3）聚氨酯/聚酯 IPN

用蓖麻油预聚物和聚酯-苯乙烯形成的 IPN，聚己内酯三元醇型聚氨酯和丙烯醇/马来酸酯/苯乙烯共聚物形成 IPN，聚 ε-己内酯二元醇型聚氨酯和聚酸形成的 IPN，具有很好的机械强度、弹性和减振消声性能，在涂料、黏结剂、弹性薄膜等方面已获得实际应用。

4）其他聚氨酯与互穿网络聚合物涂料

由聚氨酯和聚酯酸乙烯酯形成的 IPN，具有较好的黏结性和抗张强度，可用于制黏结剂和涂料。用水溶性聚氨酯和阳离子氯丁胶乳共混改性合成的 IPN，具有较好的贮存稳定性、附着力和柔韧性，以此为基料而配制的聚氨酯/氯丁胶乳 IPN 涂料，用于仿皮涂装，不仅外观和手感好，而且还有防火阻燃作用。

6　环氧树脂涂料

环氧树脂主要是指分子中含环氧基团（ $-\overset{O}{\underset{CH-CH}{\diagdown}}-$ ）的聚合物。

环氧树脂有较好的耐化学药品性，尤其是耐碱性，对各种基材有极好的黏结性，极好的韧性、硬度和柔软性，优良的耐水性。大多数环氧树脂需要固化形成交联网状结构，以形成有用的涂膜，交联反应可以通过环氧基团也可以通过羟基基团反应。

环氧树脂涂料具有以下显著特点。

1）突出的附着力

环氧树脂分子结构中所含有的醚基（—O—）和羟基（—OH）（也包括环氧树脂与胺类固化剂固化后所生成的醚键和羟基）都是强极性基团，这些基团可以使环氧树脂分子与基材表面，特别是金属表面之间产生很强的黏结力。

2）良好的耐腐蚀性

在环氧涂料固化成膜后，由于分子中含有稳定的苯环和醚键，分子结构又较为紧密，因此对化学介质的稳定性较好，如对中等浓度的酸、碱和盐等介质，基本上能长期满足大多数环境的需要。

然而，树脂分子中的苯环和醚键易受日光照射等的影响而破坏，因此环氧涂层的耐候性较差，不适用于外用涂层的表层。

3）品种、性能的多样性和应用的广泛性

环氧树脂涂料可以通过改变配方中的环氧树脂、固化剂、所混入的颜料和填料，甚至稀释剂的种类等形成很多性能各异的不同品种。这些品种按照各自的特性可以在不同的温度、湿度条件下固化；它们的固化时间和固化后涂层的厚度也可以因品种的不同而有大幅度的变化；固化后的涂层可以在不同的环境介质中使用。

4）体现了当代涂料的发展方向

由于环氧树脂涂料配方多样化的优点，它在高固体分、水性化和无溶剂化等新型环保涂料的开发研制方面已经走在了其他涂料的前面，并且取得了较大的进展，其中不少品种已经获得了成功的应用。

6.1　环氧树脂的类型

环氧树脂的结构可以用以下通式来表示：

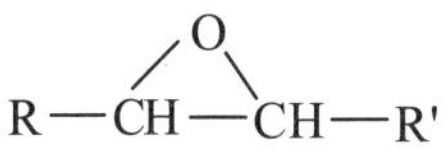

$$R-CH-CH-R'$$
$$\underset{O}{\diagdown\diagup}$$

当 R 或 R′或二者为六元脂肪环时，称为脂肪族环氧树脂；当 R 或 R′为不饱和脂肪酸时，如豆油中的油酸，称环氧化油；当 R = H 或 R′为多元酸时，则称缩水甘油酯型环氧树脂；当 R = H 或 R′为多元羟基苯酚时，则称缩水甘油醚型环氧树脂。现将几种主要涂料用环氧树脂简单介绍如下。

6.1.1　双酚 A(BPA)型环氧树脂

双酚 A 型环氧树脂也称通用环氧树脂。作为通用型的双酚 A 环氧树脂，用途非常广泛，同时也是很多特种树脂的生产原料。近几年，双酚 A 环氧树脂主要向高纯度方面发展。高纯度有两种含义：一是指氯、末端羟基及其他杂质含量极低，分子两端全是环氧基；二是指树脂中的相对分子质量分布很窄，甚至窄到极限，变成由相同分子组成的环氧树脂纯净物。前者被广泛地用于食品、医药方面的涂料；后者作为纯净物，不但为进一步研究环氧树脂提供了条件，而且还开辟了新的应用领域。双酚 A 环氧树脂结构如下：

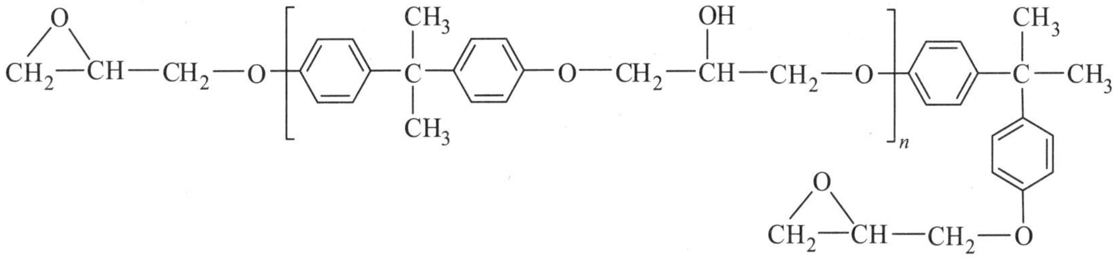

n 为重复结构单元数，称为聚合度，一般为 $0 \sim 19$，n 实际上是一系列同系物的平均值。

6.1.2　双酚 F(BPF)型环氧树脂

不同的酚可以得到不同的甘油醚型环氧树脂，如以苯酚和甲醛缩合，得到的双酚 F，是 3 种异构体的混合物：

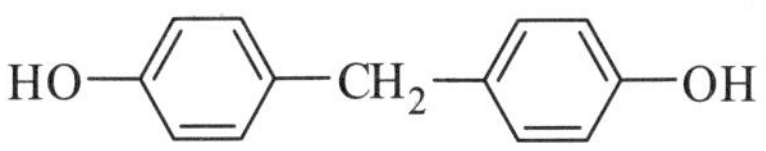

$$HO-\!\!\bigcirc\!\!-CH_2-\!\!\bigcirc\!\!-OH$$

4, 4′体

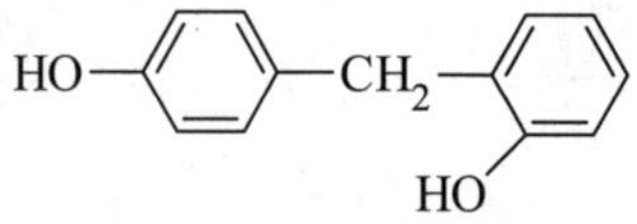

4, 2′体

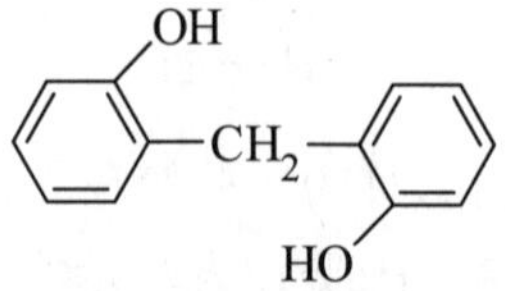

2, 2′体

BPF 型环氧树脂最大的特点是黏度低，而固化物的性能几乎和 BPA 型相同（耐热性比 BPA 型差）。目前，已经开发出了黏度更低的，几乎是纯净品的 BPF 二缩水甘油醚。

6.1.3　双酚 S（BPS）型环氧树脂

BPS 环氧树脂的特点是固化物的耐热性好、韧性强、热膨胀率低。BPS 环氧树脂涂料正向着绝缘粉末涂料应用方面开发。

6.1.4　热塑性酚醛环氧树脂

由 novolac 热塑性线型酚醛树脂与环氧氯丙烷可以制得酚醛环氧树脂：

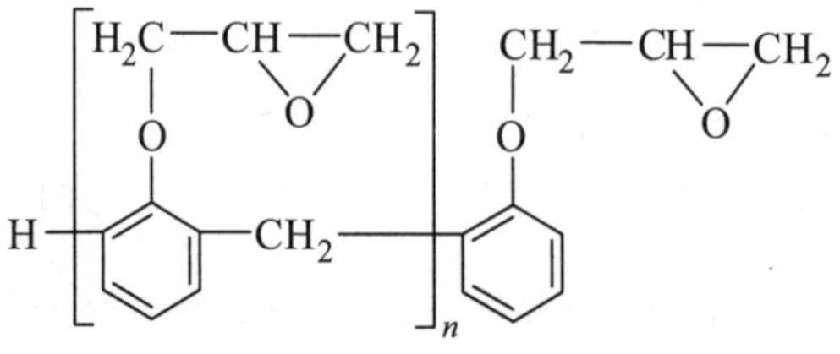

热塑性酚醛环氧树脂，特别是邻甲酚醛环氧树脂，由于其耐热性好而受到关注。降低树脂的可水解氯含量，提高树脂的纯度，一直是人们追求的目标。高纯度的可水解氯含量低于 10×10^{-6} 的邻甲酚醛环氧树脂，早已在日本上市。

6.1.5　脂环族环氧树脂

以氢化双酚 A 与环氧氯丙烷可以制得氢化双酚 A 环氧树脂：

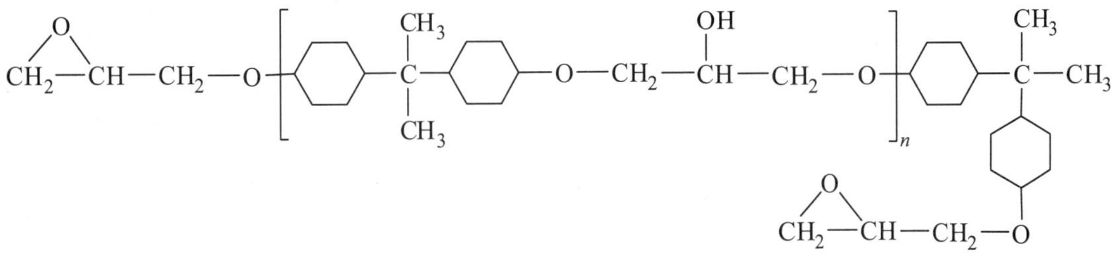

6.1.6 缩水甘油胺型环氧树脂

在缩水甘油胺型环氧树脂中，二氨基二苯基甲烷的四缩水甘油胺树脂与固化剂二氨基二苯砜一起使用，在飞机制造业上广泛用于制作玻璃钢复合材料。但在强度和韧性方面不是很理想，并且吸湿后机械性能下降。通过改性可以改进其在耐水性、韧性和机械强度等方面的性能。

除以上类型外，随着科学技术的发展，还不断开发出了阻燃性环氧树脂、耐热性环氧树脂、耐热耐水性环氧树脂等新型功能性环氧树脂。

6.2 环氧树脂的重要质量指标

1）环氧值 A

每 100 g 环氧树脂中含有环氧基的物质的量称为环氧值。如相对分子质量为 340 的环氧树脂，其两端均为环氧基，则环氧值为

$$A = \frac{2}{340} \times 100 = 0.58 \text{ mol} / 100 \text{ g}$$

2）环氧指数 B

每 1 kg 环氧树脂中所含环氧基的物质的量称为环氧指数，$B = 10A$。

3）环氧当量 C（或 EEW）

含有 1 mol 环氧基的树脂质量称为环氧当量，单位为 $g \cdot mol^{-1}$。环氧树脂的相对分子质量越高，其环氧当量越大。

$$环氧当量 = \frac{1\,000}{环氧指数}，即 C = 1\,000 / B$$

$$环氧当量 = \frac{100}{环氧值}，即 C = 100 / A$$

4）羟基值 F

每 100 g 环氧树脂中含有羟基的物质的量称为羟基值。如相对分子质量为 1 000 的环氧树脂，分子中含 4 个羟基，则羟基值为

$$F = \frac{4}{1\ 000} \times 100 = 0.4 \ \text{mol} / 100 \ \text{g}$$

5）羟基当量 H

含有 1 mol 羟基的树脂质量称为羟基当量，单位为 $\text{g} \cdot \text{mol}^{-1}$。

$$\text{羟基当量} = \frac{100}{\text{羟基值}}, \quad \text{即} \ H = 100 / F$$

6）酯化当量 E

酯化 1 mol 单羧酸（如 60 g 乙酸或 280 g C_{18} 脂肪酸）所需环氧树脂的质量称为酯化当量 E，单位为 $\text{g} \cdot \text{mol}^{-1}$。环氧树脂中羟基和环氧基都能与羧酸进行酯化反应，并且酯化反应时 1 个环氧基相当于 2 个羟基，即酯化当量可表示为

$$E = \frac{100}{2A + F}$$

因此，通过羟基值和环氧值可计算出酯化当量的近似值。

6.3　环氧树脂固化剂及固化机理

固化剂也称交联剂。利用固化剂中的官能团与环氧树脂中的羟基或环氧基反应，可使环氧树脂扩链、交联，从而达到固化的目的。在工业上应用最广泛的固化剂有胺类、酸酐类和含有活性基团的合成树脂。

6.3.1　有机胺类固化剂

有机胺类固化剂是环氧树脂中最常用的一类固化剂。根据氮原子上取代基数目不同，胺可分为一级胺、二级胺和三级胺；按结构则可分为脂肪族胺和芳香族胺。

6.3.1.1　有机胺类固化剂的固化机理

一级胺、二级胺对环氧树脂的固化作用是按亲核加成机理进行的，其固化过程可用下式表示：

$$R-NH_2 + CH_2-CH-CH_2-O-R' \longrightarrow R-N-CH_2-CH-CH_2-O-R'$$

含有质子基团的化合物如苯酚等，可以促进胺类的固化。由于质子使羟基上的活性氢首先与环氧基上的氧原子形成氨键，使环氧基进一步极化，这样就有利于胺类化合物上的氮原子对环氧基 C^{δ^+} 原子的亲核进攻，同时完成氢原子的加成。

研究表明，醇类对胺类固化剂的促进作用按一级醇>二级醇>三级醇的次序变化。各种类型的促进剂对双酚 A 环氧和二乙烯三胺固化体系凝胶化的影响见表 6.1。

表 6.1　促进剂对双酚 A 环氧和二乙烯三胺固化体系凝胶化的影响

促进剂	凝胶化缩短时间/min	促进剂	凝胶化缩短时间/min
甲　醇	1	水	5
乙　醇	2	苯硫醇	17
正丙醇	1	硫羟基乙醇	14
正丁醇	2	间甲酚	10.5
乙二醇	7	对甲酚	11
丙二醇	8	双酚 S	13
甘　油	12	苯　酚	13
三羟甲基丙烷	12	邻氯代酚	15
乙　酸	12	双酚 A	16
二氯乙酸	14	对硝基苯酚	20.5
甲　酸	18		

具有吸电子基团（如羰基、腈基、硝基等）的化合物可以抑制胺类固化剂的交联反应。

6.3.1.2　有机胺类固化剂

脂肪族多胺是最早应用于环氧树脂的固化剂，它能在室温下迅速固化双酚 A 环氧树脂，对缩水甘油环氧基以外的其他环氧基活性不大。由于芳香胺的苯环与胺基直接相连，氮原子上的未共用电子对的电子密度降低，故与脂肪胺相比，芳香胺的碱性弱、活性低，需加温才能使环氧树脂固化。典型的有机胺固化剂见表 6.2。

表 6.2 典型的有机胺固化剂

名　　称	活性氢数目	使用期/min（25 ℃）	固化条件	性能
乙二胺	4		20 ℃，4 d（或 100 ℃，30 min）	低黏度，可在室温下快速固化环氧树脂，固化后的树脂耐化学药品性好，但体系发热大，使用期短，固化剂对皮肤有刺激
二乙烯三胺	5	25		
三乙烯四胺	6	26		
四乙烯五胺	7	27	20 ℃，7 d（或 100 ℃，30 min）	
己二胺	4		80～100 ℃，2 h	室温下固化不完全，固化后的树脂柔性好，耐水性好
间苯二胺	4	480	（1）85 ℃，2 h（2）175 ℃，1 h	室温下可固化，加热条件下可与环氧树脂混溶。固化完全后的耐湿热、耐老化性能好，毒性比脂肪族胺低
4,4'-二氨基二苯甲烷	4	480	（1）80 ℃，2 h（2）150 ℃，2 h	
4,4'-二氨基二苯砜	4	180	（1）125 ℃，2 h（2）200 ℃，2 h	

6.3.2　有机酸酐固化剂

二元酸和酸酐均可作为环氧树脂的固化剂。固化后的树脂具有较高的机械强度和耐热性。但由于酯键的影响，其耐碱性较差。大多数酸酐活性低，必须加热才能达到固化目的。

涂料工业中主要使用液体酸酐加成物，由于工艺性能不佳，很少使用二元酸类固化剂。

6.3.2.1　有机酸酐的固化作用

酸酐并不能直接与环氧基作用，但在活性氢或三级胺的作用下，可实现固化。根据酸酐的开环方式，其固化方式可分成以下两类：

1）活性氢的作用

环氧树脂分子中的羟基或加入树脂中的多羟基化合物可以使酸酐开环形成羧基：

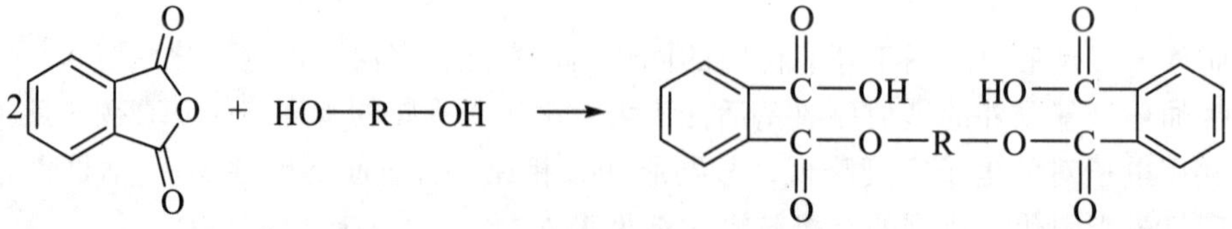

该羧基再与环氧基加成形成酯基，这种加成型酯化反应是酸酐固化环氧树脂的主要反应。

此外，在高温条件下还能发生环氧基和羟基的醚化反应。

2）三级胺对酸酐开环的催化作用

三级胺可与酸酐形成一个离子对，当环氧基插入此离子对时，羧基负离子开环形成酯键和一个新的阴离子，该阴离子可继续与酸酐形成新的离子对，或使环氧基开环，进一步发生醚化反应。

由于反应中间物能进一步打开环氧基使链发生增长，故用酸酐固化环氧树脂时可不按化学反应方程式计算，其用量相当于环氧基物质的量的 70%～90%。

6.3.2.2 有机酸酐固化剂

酸酐固化剂可分脂肪族酸酐、脂环族酸酐和芳香族酸酐三种。常见的有机酸酐固化剂及其性能见表 6.3。涂料中主要使用液体酸酐加成物，如顺丁烯二酸酐和桐油的加成物。

表 6.3　有机酸酐固化剂及其性能

名　称	固化条件	性　能
聚壬二酸酐	三级胺促进固化反应，150 ℃，4 h	产物有较好的热稳定性，延伸率可达 100%，可与其他酸酐混用
70 酸酐	150 ℃，4 h 或 180 ℃，2 h	丁烯二酸酐与各种共轭烯烃的加成物；用量一般为计算值的 80%～90%；液体，毒性小，挥发性小，固化后的产物具有较好的柔性
桐油酸酐 308	100～120 ℃，4 h	
647 酸酐	150～160 ℃，4 h	
邻苯二甲酸酐	160 ℃，4 h	固化后树脂的热性变温度可达 150 ℃，耐化学试剂性好，大气中的老化性好，但耐碱性差

6.3.3　低相对分子质量聚酰胺

低相对分子质量聚酰胺是亚油酸二聚体或桐油酸二聚体与脂肪族多元胺反应生成的一种琥珀色黏稠状树脂。由于树脂的分子结构中含有较长的脂肪酸碳链和活泼胺基，所以树脂具有很好的弹性和附着力，室温下能与环氧树脂产生交联反应，所以是环氧树脂的优良固化剂和增韧剂。

在室温条件下，主要是低相对分子质量聚酰胺上的一级胺和二级胺的活性氢与环氧基加成，当温度升至 60 ℃ 以上时，可发生酰胺基和羟基与环氧基的交换反应。

6.3.4　潜固化剂

为了延长使用期限，人们研制了各种潜固化剂。这种固化剂在常温下是稳定的，但在一定条件下，可以游离出活性基团，使环氧树脂固化。

6.3.4.1　双氰胺

双氰胺是白色晶体，熔点 207～209 ℃，毒性小，难溶于环氧树脂，常将其充分粉碎后分散在液体树脂内，在室温下可贮存 6 个月以上，也可将其与固体树脂共同粉碎，制成粉末涂料。

双氰胺至少在 150 ℃ 才能固化环氧树脂，170 ℃ 以上固化较完全，脲和咪唑类的衍生物可使固化温度下降。

6.3.4.2　丁酮亚胺

在酸性条件下，胺与酮反应形成酮亚胺，该物质与水反应又能重新分解成酮和胺。

$$R-NH_2 + R'_2C=O \rightleftharpoons R-N=CR'_2 + H_2O$$

利用丁酮和己二胺反应制成的丁酮亚胺可与环氧树脂配漆，密闭贮存在罐内。当涂刷后漆膜接触空气中的水分时，则丁酮亚胺可水解形成丁酮和己二胺，使环氧树脂固化。

6.4　原料的选择

在设计环氧树脂涂料配方时，首先涉及对环氧树脂及其固化剂的选择。进行环氧树脂和固化剂的选择，就要掌握环氧树脂膜的性能，然后才能对溶剂、颜填料和助剂等组分进行选择。

6.4.1　环氧树脂类型的选择

6.4.1.1　环氧树脂膜的耐化学药品性

通常，膜内不宜含有可被腐蚀介质破坏的化学键及极性基团，如膜内含有酯键时，耐化学药品性极差；含有碳-氧-硅键时，会降低耐汽油和耐盐水性。试验证明，醚键和脂肪族羟基具有优良的耐化学药品性。

环氧树脂分子中的脂肪族羟基有一定的亲水性，这种羟基有助于水分子在膜内积集或穿过，导致膜的防水性下降。环氧树脂膜内羟基含量可由下式计算：

$$HV = \frac{E \times (HPV + EPV)}{(E + A + P)} - B$$

式中　HV——交联固化涂膜内羟基含量，$mol \cdot g^{-1}$；

E——交联固化涂膜内环氧树脂质量，g；

A——交联固化涂膜内固化剂质量，g；

P——交联固化涂膜内颜填料质量，g；

HPV——交联固化前环氧树脂的羟基值，mol/100 g；

EPV——交联固化后由环氧基产生的羟基值，mol/100 g；

B——交联固化时消耗掉的羟基值，$mol \cdot g^{-1}$。

利用以上公式可以计算出环氧树脂涂膜内羟基含量，当膜内羟基含量高时，有利于蒸馏水穿过，因此其耐水性下降。

6.4.1.2　环氧树脂膜的有效交联密度

环氧树脂与胺类固化剂反应通式如下：

$$\text{\~\~CH—CH}_2 + \text{H}_2\text{N\~\~} \longrightarrow \text{\~\~CH—CH}_2\text{—NH\~\~}$$
$$\underset{\text{O}}{} \qquad\qquad\qquad \underset{\text{OH}}{}$$

选用多元胺与相同相对分子质量、不同官能度的环氧树脂反应，其有效交联密度网络如图6.1：

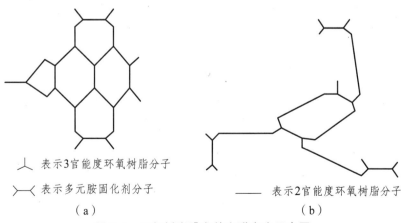

人 表示3官能度环氧树脂分子

>—< 表示多元胺固化剂分子

—— 表示2官能度环氧树脂分子

（a）　　　　　　　　　　　　　（b）

图 6.1　环氧树脂膜有效交联密度示意图

5 分子的 3 官能度环氧树脂与 5 分子的多元胺反应时，产生有效高交联密度网络［图 6.1 （a）］；同样数目分子的 2 官能度环氧树脂与同样数目分子的多元胺反应时，产生低有效交联密度网络［图 6.1（b）］。

有效交联密度的计算公式如下：

$$\rho = FC_w$$

式中　ρ——有效交联密度，$mol \cdot g^{-1}$（或 $mol \cdot cm^{-3}$）；

　　　F——每个交联固化剂分子生成网目数；

　　　C_w——单位质量膜内固化剂的摩尔浓度，$mol \cdot g^{-1}$（或 $mol \cdot cm^{-3}$）。

采用不同固化剂与不同种类环氧树脂交联固化成膜时，通过测定环氧树脂膜的抗张强度、硬度、剥离强度、玻璃化温度与 M_c 的关系，可以确定达到较好物理机械性能时的最佳交联密度 ρ。

6.4.1.3　环氧树脂膜的玻璃化温度

环氧树脂膜不仅保证有优越的防止腐蚀介质穿透能力，而且必须保证当腐蚀介质（包括水分子）浸渍时，应保持强的"湿态"黏结力。环氧树脂膜的玻璃化温度（T_{gx}）是影响膜的内应力和黏结力的重要结构因素，环氧树脂膜的 T_{gx} 可用下式表达：

$$T_{gx} = T_g + K\rho$$

式中　T_{gx}——交联固化后环氧树脂膜的玻璃化温度，℃；

　　　T_g——未交联固化的环氧树脂的玻璃化温度，℃；

　　　K——常数，$℃ \cdot g \cdot mol^{-1}$（或 $℃ \cdot cm^3 \cdot mol^{-1}$）；

　　　ρ——环氧树脂膜的有效交联密度，$mol \cdot g^{-1}$（或 $mol \cdot cm^{-3}$）。

T_{gx} 由 T_g 和 ρ 决定。当采用与环氧基进行交联固化反应的固化剂时，T_g 与 ρ 成反比，即 T_g 高的环氧树脂，膜的 ρ 值低，ρ 值随 T_g 增加而减小。故 T_g 和 ρ 值变化的综合结果才确定 T_{gx} 的数值大小。环氧树脂膜的 T_{gx} 越高，膜产生的内应力越大，膜与底材黏结强度降低，弹性较差。反之，T_{gx} 越低，膜与底材黏结强度提高，弹性较好。T_{gx} 太低时，膜弹性由于交联固化不充分而下降（通常称为膜发软），会导致防腐蚀介质能力减弱。

固化剂的品种和分子结构也是影响 T_{gx} 的重要因素。例如，用不同胺类化合物交联固化环氧树脂 Epon 828 时，固化剂分子中含刚性苯基，会使交联固化网络的链段不易伸展，导致 T_{gx} 和杨氏模量提高；固化剂分子中含长脂肪碳链，会导致 T_{gx} 和杨氏模量下降。

6.4.2　溶剂的选择

环氧树脂涂料除无溶剂和粉末涂料两种类型外，都必须采用溶剂，合理地选配溶剂是配方设计的重要环节之一。

6.4.2.1 溶剂对环氧树脂的溶解性

溶剂的溶度参数（δ）由范德华力产生的溶度参数（δ_d）、偶极力产生的溶度参数（δ_p）和氢键力产生的溶度参数（δ_H）组成，$\delta = (\delta_d^2 + \delta_p^2 + \delta_H^2)^{1/2}$。$\delta$的重要作用是预测某种聚合物在各种溶剂中的溶解性。溶剂与聚合物的δ值基本接近是溶解的必要条件，还应考虑溶剂与聚合物间形成氢键的能力及溶剂分子中存在官能团的性质，这样才会准确地预测溶剂对聚合物的溶解性。例如，E-20 环氧树脂形成极弱氢键时的溶度参数是 21.73 ~ 22.76 $J^{0.5} \cdot cm^{-1.5}$，而与溶剂形成中等强度氢键时的溶度参数是 17.43 ~ 27.27 $J^{0.5} \cdot cm^{-1.5}$，溶剂对环氧树脂的溶解能力由溶剂的溶度参数、形成氢键能力和官能团性质决定。

在选配混合溶剂时，由于几种参数的综合效应，既保证环氧树脂的充分溶解，又可选用价格便宜的溶剂。值得注意的是，选择溶剂应考虑环境效应及溶剂的相对惰性。

6.4.2.2 溶剂的挥发速率

溶剂作为制备涂料的媒介物，可以调节施工黏度，满足施工性能。当施工结束后，要求它以适当的速度挥发，则溶剂的挥发速度也是确定溶剂品种的技术关键之一。

所有溶剂的表面张力都在相当窄的范围内变化。水的表面张力比大多数有机溶剂都高，所以它的挥发速度不快。由试验测得，有机溶剂的挥发速度随着它的沸点和表面张力的上升而下降。涂料中的溶剂挥发，对涂膜的性能影响甚大。挥发速度快，流平性差，涂膜出现针孔和附着力下降等弊病；挥发速度慢，增加涂膜内溶剂残留量，会影响涂膜防护性能。只有恰当地控制溶剂挥发速度，才能保证涂膜的优异性能。

实践证明，采用醇（或醇醚）和芳烃类组成混合溶剂时，就会达到合理的挥发速度。

6.4.2.3 环氧涂料常用溶剂和稀释剂

环氧涂料常用的溶剂和稀释剂如表 6.4 所示。

表 6.4 环氧涂料常用的溶剂和稀释剂

溶剂及稀释剂类别	举 例	溶剂及稀释剂类别	举 例
芳烃类	二甲苯、甲苯、高沸点芳烃混合物	醇醚类	丙二醇甲醚、丙二醇乙醚、丙二醇丁醚、乙二醇甲醚、乙二醇乙醚
酮类	甲基异丁基酮、甲乙酮、甲基异戊基酮、丙酮、环己酮	酯类	丙二醇甲醚乙酸酯、乙二醇乙醚乙酸酯、乙酸乙酯
醇类	正丁醇、异丙醇、乙醇、甲醇		

在表 6.4 的各类溶剂中，酮、醇醚和酯类溶剂是环氧树脂的优良溶剂，二甲苯仅对环氧树脂有有限的溶解性，主要起稀释作用，醇类不能溶解环氧树脂，只能作稀释剂使用。制备涂料时，用的都是混合溶剂，主要由二甲苯与一定量的极性溶剂（酮、醇、醇醚和酯等）混

合使用。使用溶剂时几个值得注意的问题如下。

（1）酮溶剂可以额外地延长环氧涂料的使用期。

（2）为安全考虑，应尽可能采用较高闪点的醇、醇醚和酯类，丙二醇醚类代替乙二醇醚类以降低毒性。

（3）酮和酯不可用于固化剂组分的配制，因为这些溶剂要同固化剂起反应，可影响固化剂组分的贮存稳定性，并对涂膜有不良影响。但酮和酯仍可用于环氧组分中，这是由于环氧和固化剂之间的反应要远快于酮、酯和固化剂之间的反应。

6.4.3　固化剂的选择

试验证明，多元胺固化剂在常温下与环氧树脂交联固化的涂膜有很好的附着力、较高的硬度、优良的耐脂肪烃溶剂性，耐稀酸（碱）性和耐盐水性；但这类固化剂对人体和环境有危害。目前，广泛使用胺加成物及合成树脂固化剂。

在选择固化剂时，应考虑固化剂的固化反应性及分子结构特点。例如，芳胺加成物不仅低温固化效果好，而且涂膜显示出优异的耐水性和防介质渗透性；曼尼期碱对底材润湿力强、低温固化快、耐化学药品性和耐水性优良；低相对分子质量聚酰胺树脂可形成突出柔韧性的涂膜；酸酐及其衍生物可在高温固化，涂膜具有优异的电绝缘性。

涂料施工后，应在限定时间内固化，否则会使涂膜出现弊病而影响性能。用聚酰胺300#作为固化剂，水杨酸作为固化促进剂，胺当量/环氧当量 = 0.5 ∶ 1，固化温度 30～35 ℃，不同环氧树脂的固化速度如图 6.2 所示。

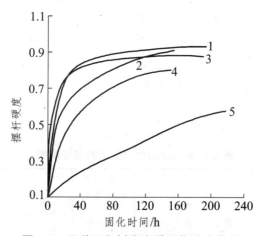

图 6.2　几种环氧树脂交联固化速度曲线

1—E-44；2—HW-28；3—F-44；4—E-20；5—CE-4

由图 6.2 知，在交联固化初期，F-44 的固化速度最快，经 17 h 达到硬度 0.7，由于分子中酚羟基对交联固化反应起促进作用，E-44 的固化速度也很快，经 19 h，硬度为 0.7，因为它的环氧值高，与活泼氢开环反应几率大；E-20 的固化速度比 E-44、F-44 和 HW-28 慢，主要由于 E-20 中的脂肪族羟基对固化反应促进作用差；CE-4 的固化速度最慢，是因为分子中的羰基对固化剂开环反应起抑制作用。除环氧树脂结构影响交联固化速度外，固化剂结构、固化促进剂及填料品种也影响交联固化速度，应全面分析诸因素对固化速度的贡献，才能准确地选用固化剂。

6.4.4　颜填料的选择

颜料、填料在涂料的配制中可通过各种物理机械方法获得均匀的分散，并达到最佳的效果。颜料、填料的体积浓度（PVC）和临界体积浓度（CPVC）对涂料的性能有重要影响，涂料和涂膜的许多性能随 PVC 的变化而逐渐发生变化。当 PVC 低于 CPVC 时，基料的数量除包围、润湿颜料、填料外还有多余；而当配方中的 PVC 高于 CPVC 时，则涂膜中的基料数量不足以包围和润湿所有的颜料、填料，因此必有部分颜料、填料在涂膜中较疏松地存在。

下面是环氧涂料常用的颜料、填料及其性能、特点。

1）着色颜料

氧化铁红：良好的耐久性、耐化学药品性和耐热性、好的着色力，但色相发暗。

镉红：好的耐久性、耐光性、耐热性和耐化学药品性，优良的着色性能。

钛白粉：优良的不透明性和遮盖力，好的耐久性、耐光性、耐化学药品性和耐热性。分金红石型和锐钛型两种，后者易粉化。

氧化铁黑：好的耐久性、着色力和耐化学药品性。

炭黑：好的耐热性和着色力。

2）保护颜料

磷酸锌：无毒，白色但遮盖力差，好的耐久性和耐化学药品性，优良的耐蚀性，最佳的是带 2 个结晶水结构的。

锌粉：耐蚀和电导性好，可保护基体不腐蚀；同酸性介质反应。

三磷酸铝：优良的耐蚀性和对铁的钝化性。

3）功能性颜料

石墨：提高耐热性、导电性和对金属的保护性，改善润滑性和耐磨性。

氧化锌：提供杀菌和防霉性，提高耐久性和耐紫外光性，改善在氧化性介质里的硬度和耐磨性。

氧化亚铜：提供耐污性能。

有机锡化合物：提供耐污性能。

氧化锑：提供耐火性。

氢氧化铝：提供耐火性。

铝粉或片：提高耐热性。

4）体质颜料（填料）

硫酸钡：好的耐化学药品性和耐温性。

滑石粉：好的耐热性和耐化学药品性，改善力学性能等。

石英粉：好的耐化学药品性和耐温性，增加耐磨性和耐久性。

金属粉或片：提高导电性和传热性，改善耐磨性。

碳酸钨/碳酸镁：提供好的耐碱性，增强韧性和抗冲击性。

根据配制涂料的不同，颜料、填料的种类和用量也有所不同。在底漆中，主要是保护颜料，其次是体质颜料，黏结剂与颜料的质量之比为 1：（1.5~2.5）；中间漆里，主要是体质颜料，黏结剂与颜料的质量之比为 1：（1.5~2.5）；面漆必须有较高的遮盖力，主要是着色颜料，其次是体质颜料，着色颜料与体质颜料的质量之比为 1：（0.5~1.0）。

在环氧双组分涂料里，颜料可与环氧配在一起，也可与固化剂混合，但大多与环氧在一起。金属颜料必须同环氧组分配制，因为金属颜料同固化剂可能会发生反应。

6.4.5　助　剂

助剂在涂料配方中用量非常少，但对涂料性能改善方面的影响很大，它是环氧树脂涂料生产、贮存及施工过程中不可缺少的组分之一，它们在涂料中发挥特效功能。按其作用机理，主要分为固化促进剂、表面活性剂、流变调节剂、贮存稳定剂和增韧剂等。

助剂是涂料中的一种特效组分，在环氧树脂涂料配方设计时，一定注意它们的出色功能，有了助剂的参与，可以获得优异性能的环氧树脂涂料。表 6.5 为环氧涂料所用助剂的作用和种类。

表 6.5　环氧涂料所用助剂的作用和种类

作　用		种　类
在湿膜里	降低黏度	液体碳氢树脂和苯并呋喃-茚树脂
	减少泡沫	聚硅烷和消泡剂
	促进空气释放	聚硅烷、低浓度的表面活性剂
	避免颜料沉淀	气相二氧化硅、氢化蓖麻油、膨润土
	增加颜料的润湿	聚羧酸酯、硅烷
	提供触变性	气相二氧化硅、氢化蓖麻油、膨润土
	改善流动性	硅油、硅树脂、脲醛树脂
在干膜里	改进韧性	稀释剂、乙烯或乙烯-丙烯酸树脂
	改进硬度	酚醛树脂
	改进耐磨性	聚合物柔韧剂、石蜡

6.5 溶剂型环氧树脂涂料

溶剂型环氧树脂涂料品种较多,其黏度易控制,形成的涂膜质量较好。近年来,为控制溶剂型涂料中的溶剂对大气的污染,各国对涂料中的挥发性有机物含量提出了限制,在这种情况下,厚浆型、高固体分、粉末型、无溶剂涂料和水性涂料等许多新品种应运而生,但这些涂料新品种在操作和性能方面与溶剂型涂料还有一定的差别。开发高性能、无污染的涂料新品种是涂料行业的发展方向。

6.5.1 环氧清漆

环氧清漆仅由环氧树脂和溶剂组成,主要用作混凝土的底漆封闭剂。其主要作用如下:
(1)填充混凝土表面的孔隙;
(2)增强混凝土表层强度,对后道涂层形成足够强的基础;
(3)黏结混凝土表层的灰尘,避免黏结损伤。

环氧清漆配方中,通常可采用液体环氧树脂,以提供良好的渗透性和高达 50%～60% 的固体含量;也可用固体环氧树脂,其固含量较低,适用期也较长。但不能用水性涂料和无溶剂涂料作为封闭底漆,也不能在封闭底漆中加入颜料、填料。封闭底漆的固化剂组分必须能在潮湿的混凝土层上有良好的固化性并不易吸潮发白。表 6.6 为封闭底漆的三个参考配方。

表 6.6 环氧清漆参考配方

组 分	质量分数/%		
	配方 1	配方 2	配方 3
组分一			
液体环氧树脂（环氧值 0.535）	55.0	71.4	75.0
甲基异丁基酮	18.0	20.0	16.0
二甲苯	22.0	7.0	7.0
正丁醇	5.0	1.6	2.0
合计	100.0	100.0	100.0
组分二			
酰氨基胺加成物	55.0	—	—
低黏度快速固化剂	—	28.6	—
改性脂环族胺	—	—	45.0
二甲苯	35.0	56.4	45.0
正丁醇	10.0	15.0	10.0
合计	100.0	100.0	100.0
固含量	55%	50%	60%

6.5.2　环氧底漆（中间漆）

环氧底漆和环氧中间漆品种较多，主要有环氧富锌底漆、环氧云母氧化铁底漆（中间漆）、环氧氧化铁红底漆等。由于环氧面漆耐候性较差，而环氧底漆（中间漆）黏结性较好、抗渗性优良，故在较为苛刻的环境中（如化工大气，海洋盐雾环境等），环氧底漆（中间漆）占据着重要位置。

6.5.2.1　环氧富锌底漆

环氧富锌底漆是以锌粉为填料，固体环氧树脂为基料，以聚酰胺树脂或胺加成物为固化剂，加以适当混合溶剂配制而成的高固体分环氧底漆，其中锌粉在涂料中的含量要超过85%，以形成连续紧密的涂层而紧密地与金属接触。由于在涂膜受侵蚀时，锌的电位比钢铁的电位低，因此涂膜中的锌为阳极，先受到腐蚀，基材钢铁为阴极，受到保护。而锌作为牺牲阳极形成的氧化产物又对涂膜起到一种封闭作用，更加强了涂膜对基体的保护。

环氧富锌底漆不但防腐性能优良，而且附着力强，并与下道涂层，如环氧云铁中间漆和其他高性能面漆有着良好的黏结性。此外，由于涂膜中锌粉含量极高，此底漆在今后的焊接工艺中不会破坏和脱落，这使环氧富锌底漆可用于一般钢板上作为车间预涂底漆。20 μm 的环氧富锌底漆涂膜，其防锈性能可超过 6 个月。表 6.7 为用聚酰胺树脂等固化剂的环氧富锌底漆参考配方。

表 6.7　环氧富锌底漆配方举例

组　分	质量分数/%		
	配方 1	配方 2	配方 3
组分一			
固体环氧树脂（环氧当量 475）	4.2	5.7	4.6
锌粉	85.7	84.4	85.5
混合溶剂[①]	9.2	9	9
消泡剂	0.9	0.9	0.9
合计	100	100	100
组分二			
Versamid 115[②]	2.3	—	—
现场胺·环氧加成物	—	1.7	—
提纯胺·环氧加成物	—	—	1.8
二甲苯	0.8	—	3.7
正丁醇	0.2	—	1.5
合计	3.3	1.7	7

注：① 混合溶剂：参考配方视要求的挥发速度和施工工艺不同而有不同的配比。
　　② Versamid 115：聚酰胺固化剂，为 Henkel 公司产品，胺值为 230～245。

6.5.2.2　环氧云母氧化铁底漆（中间漆）

云母氧化铁化学成分是 $\alpha\text{-}Al_2O_3$，由于其片状结构类似云母，故称云母氧化铁。云母氧化铁薄片厚度仅数微米，直径数十微米到 100 μm 以上，具有优良的耐高温性和耐碱、耐酸性，并且价格低、无毒性，是一种优良的涂料颜料。以云母氧化铁为主要颜料的环氧底漆除了通常的物理防锈作用外，其突出特点还在于：

（1）鳞片状的云母氧化铁均匀地分布在涂膜内，可有效阻挡外来介质对涂层的渗透，延长介质渗透的时间；

（2）环氧云母氧化铁涂膜表面由于片状填料的作用，有较好的粗糙度，有利于与底漆和面漆的黏结；

（3）进一步降低了环氧底漆的收缩率。

在环氧配套底漆中，云母氧化铁涂料往往作为中间漆，用于富锌底漆或喷锌、喷铝涂层之上，既对整个涂膜起到良好的屏蔽作用，又降低了涂膜的造价。

表 6.8 为环氧云母氧化铁底漆和环氧氧化铁红底漆的参考配方。

表 6.8　环氧云母氧化铁和环氧氧化铁红底漆参考配方

质量分数/%　　配方编号 组分	1	2	3	4
组分 A				
EUREPOX7001/75X	21.5	21.5	22.0	20.0
二甲苯	18.8	18.8	5.5	8.0
正丁醇	11.0	11.0	5.5	5.0
丙二醇甲醚	4.0	4.0	—	—
云母氧化铁	—	—	52.0	52.0
氧化铁红	23.0	23.0	—	—
滑石粉	20.0	20.0	6.0	6.0
二氧化钛	—	—	2.0	2.0
着色颜料	1.7	1.7	2	2
BENTONE27[①](10%二甲苯溶液)	—	—	4	4
Texaphor 963[②]	—	—	1	1
合计	100	100	100	100
组分 B				
EUREDUR115/70X	—	—	11.7	—
EUREDUR423/60X	16.5	—	—	16.6
EUREDUR30/55XBMP	—	12.5		

续表 6.8

质量分数/% 配方编号 组分	1	2	3	4
二甲苯	—	—	2.6	2.4
正丁醇	3.5	7.5	0.7	1
合计	20	20	15	20
总计	120	120	115	120
A/B	5:1	5:1	100:15	100:20

注：① BENTONE27：改性膨润土。
② Texaphor 963：Henkel 产品，为多羧酸铵盐防沉剂及分散剂。

6.5.3 环氧煤焦沥青涂料

环氧煤焦沥青涂料可用于室内、地下或水下。表 6.9 列出了一个环氧沥青船底防锈漆的配方。

表 6.9 环氧沥青船底防锈漆配方

组分	环氧沥青防锈漆配方/g	厚膜型环氧沥青防锈漆配方/g
组分 A		
E-20 环氧树脂	15	20
铝粉浆	15	11
防锈颜料与填料	6	9
触变剂	—	2
丁醇	9	2
重质苯	12	—
二甲苯	—	6
甲基异丁基酮	—	3
乙二醇乙醚	—	1
组分 B		
70%煤焦沥青液	28	—
煤焦沥青	—	24
丁醇	3	—
重质苯	4	—
甲苯	—	11
聚酰胺	8	11

在环氧煤焦沥青涂料配方中，环氧树脂多采用环氧当量为 175~210 或 450~525 的树脂。

煤焦沥青具有优异的耐水性和湿润性，防锈性能好，但耐热与耐候性差，涂膜的机械强度也较差。环氧树脂中添加煤焦沥青能降低成本，明显地提高耐水性，机械性能随煤焦沥青量增加而下降。适当地选择环氧树脂与煤焦沥青比例相当重要。对船底防锈漆，一定要保证耐水性、附着力和配套性。煤焦沥青的加入量应大于环氧树脂的量。通常，环氧树脂与煤焦沥青物质的量之比为 1∶1.5、1∶1.2 或 1∶3。

固化剂常用聚酰胺，它不仅可做环氧树脂的固化剂，而且可做漆膜的增塑剂，以增加漆膜的弹性。环氧树脂与聚酰胺树脂质量之比为（2∶1）~（7∶3）。聚酰胺固化速度慢，在低于 5 ℃ 时固化速度几乎停止，可采用多异氰酸酯做固化剂来解决这一问题。

触变剂的加入可使漆料在应用中不流挂，但加入量太多，则会影响漆膜的物理、机械性和耐水性。

6.5.4　酚醛环氧涂料

室温固化的酚醛环氧涂料的配方如表 6.10 所示，其性能如表 6.11 所示。

表 6.10　酚醛环氧涂料参考配方

组　分	质量分数/%	
	清漆	色漆
组分一		
EUREPOX7025[1]	28.5	24.0
甲基异丁基酮	21.5	6.0
二甲苯	40.0	12.0
丙二醇甲醚	10.0	8.0
钛白粉（锐钛型）	—	20.0
硫酸钡	—	20.0
滑石粉	—	10.0
组分二		
EUREDUR30/55XBMP	60.0	50.0
二甲苯	—	4.0
正丁醇	—	1.0

注：① EUREPOX7025：半固体酚醛环氧树脂，环氧值 0.56，环氧当值 179。

表 6.11 所配酚醛环氧涂料性能参数

性能参数	清漆	色漆
固含量/%	38.5	65.5
试用期（23）/h	10～20	10～20
黏度（涂-4 杯）/s	18.0	70.0

6.6 无溶剂型环氧树脂涂料

6.6.1 性能和用途

无溶剂型环氧树脂漆是一种不含挥发性有机溶剂的环氧树脂漆，漆本身是液态的，施工时可采用喷涂、刷涂或浸涂。其主要组成成分有环氧树脂、固化剂、活性稀释剂、颜料和辅助材料。

与溶剂型环氧树脂漆比较，具有以下优点：一道涂装漆膜可以很厚（200～300 μm），提高了工效；避免了由于溶剂挥发而造成的火灾危险、溶剂中毒问题以及溶剂损失问题；漆膜干燥后的收缩率降低了。

这类涂料也存在缺点，如漆膜较脆，耐冲击性能不好；使用期限太短，给操作带来很大困难；比溶剂型漆黏度高，施工不方便，或需采用专用设备。

这类涂料可用于涂装槽车、管道和贮罐的内壁，海上采油设备，装载石油或海水的船舱，最适于涂装通风不良环境下的设备。漆膜具有优良的耐酸碱性、耐溶剂性、耐盐雾性和耐磨性。烘干型漆可用于电机线圈的浸涂，电性能良好。

6.6.2 无溶剂涂料的配制

由于无溶剂涂料是不含有惰性溶剂的，所以在满足对漆膜性能的要求前提下，如何降低涂料本身的黏度，以满足施工要求，是拟定配方时首先要考虑的问题。

无溶剂环氧漆也是双组分漆。环氧树脂、活性稀释剂、颜料和体质颜料为一个组分，固化剂为另一个组分。使用前按规定比例配合，必要时应经熟化，然后施工。漆大部是常温干燥型的，烘干型的多用于绝缘涂覆。

环氧树脂是成膜物的主要组分。为降低涂料的黏度和减少稀释剂的用量，应采用低相对分子质量的液态环氧树脂。最常使用的是 E-44（相对分子质量为 450）。

使用液体环氧树脂黏度仍很高，不易施工，需加入活性稀释剂以降低黏度。活性稀释剂含有环氧基，在硬化时本身参加反应，成为固化后漆膜的组成部分。在一般情况下，活性稀释剂的用量相当于树脂质量的 30% 以下，若大于 30%，漆膜性能下降。应用活性稀释剂时，固化剂用量需相应增加。活性稀释剂与固化剂用量按物质的量之比通常为 1:1。

选择活性稀释剂时应考虑：稀释树脂的能力强；无毒、无特殊臭味，不易挥发；能满足漆膜性能要求。常用活性稀释剂如表 6.12 所示。

表 6.12　常用活性稀释剂的种类及性能

名　称	环氧值	使用性能
苯基缩水甘油醚	≥0.50	臭味大，有毒，对人体及皮肤刺激性很大，使用较少
丁基缩水甘油醚	≥0.50	稀释力较大，漆膜的弹性和耐热性较好，对人体皮肤刺激性较小
糠醇缩水甘油醚	≥0.50	稀释力较小，对人体皮肤刺激性小，无特殊臭味
烯丙基缩水甘油醚		本身黏度低，稀释力很大，是一种高效稀释剂
二缩水甘油醚	1.15～1.5	和以上单环氧基稀释剂不同，具有 2 个环氧基，固化后漆膜弹性和耐热性好，其用量可以高至环氧树脂的 30%，稀释力大
多缩水甘油醚	1.35～0.47	用量较大时漆膜的弹性不会降低，它可以单独作为环氧树脂使用

无溶剂环氧涂料使用的固化剂大部分都是液态的改性脂肪胺类，可使漆膜在室温下固化，它的毒性和臭味都很小。

无溶剂环氧涂料制备中广泛使用低相对分子质量聚酰胺为固化剂，同时也是一个很好的增韧剂。聚酰胺与环氧树脂所得到的漆膜，具有极好的附着力、耐磨性和韧性，良好的耐水性和耐气候性，但对耐强溶剂比多元胺固化环氧涂料差。未固化前，使用期限长，能在常温或潮湿的空气中固化，而且没有毒性。但在 15 ℃ 下固化很慢，应加促进剂。

如果要求无溶剂涂料具有遮盖力，可以加入适当的颜料，但必须注意选择的颜料应有良好的化学稳定性。由于涂层较厚，所以加入少量的颜料就能得到足够的遮盖力。如用钛白粉时，在涂料中占 5%～7% 就足够了。

由于无溶剂涂料涂层较厚，涂装后容易产生流挂。为克服此缺点，可加入滑石粉和气相二氧化硅。配方举例如表 6.13 和表 6.14 所示。

表 6.13　混凝土贮油罐内壁用无溶剂环氧涂料参考配方

组　分	质量分数/%	组　分	质量分数/%
组分一		组分二	
E-44（环氧值 0.44）	100	DMP-30	0.24
异辛基缩水甘油醚（环氧值 0.448）	3	丁基醚胺①（胺值 500）	2.4

注：① 丁基醚胺是环氧丙烷丁基醚和二亚乙基三胺的加成物。
　　② 使用时将组分一和组分二按比例混合搅拌均匀，放置 5～10 min 后即可使用，可常温固化。

表 6.14 无溶剂环氧绝缘漆参考配方

组 分	质量分数/%	组 分	质量分数/%
组分一		组分二	
E-51 环氧树脂	76	桐油酸酐（酸值 150）	99
二缩水甘油醚	24	DMP-30	1

注：使用时将组分一和组分二按质量比 1：2 配合，搅匀，放置 5～10 min 后使用，120 ℃ 烘干 1 h，用于浸涂
小型电机线圈。

7 氨基树脂涂料

含有氨基的化学单体和甲醛经加成缩聚反应制得的树脂称为氨基树脂。在涂料应用中的氨基树脂主要是指脲醛树脂和三聚氰胺甲醛树脂。

7.1 脲醛树脂

在酸、碱、中性水溶液中，脲和甲醛进行加成反应，生成单羟甲基脲、双羟甲基脲或三羟甲基脲。反应机理如下：

酸催化：

$$H_2C(OH)_2 \rightleftharpoons H_2C{=}O + H_2O$$

$$H_2C{=}O + HA \rightleftharpoons H_2\overset{+}{C}{-}OH + A^-$$

$$H_2NCH_2NH_2 + H_2\overset{+}{C}{-}OH \rightleftharpoons H_2NCH_2\overset{+}{N}H_2{-}CH_2{-}OH$$

$$H_2NCH_2\overset{+}{N}H_2{-}CH_2{-}OH + A^- \rightleftharpoons H_2NCH_2NHCH_2OH$$

碱催化：

$$H_2C(OH)_2 \rightleftharpoons H_2C{=}O + H_2O$$

$$H_2NCH_2NH_2{-}B \rightleftharpoons H_2NCH_2\overset{-}{N}H + \overset{+}{B}H$$

$$H_2NCH_2\overset{-}{N}H + H_2C{=}O \rightleftharpoons H_2NCH_2NHCH_2O^-$$

$$H_2NCH_2NHCH_2O^- + \overset{+}{B}H \rightleftharpoons H_2NCH_2NHCH_2OH + B$$

向脲分子上引入单羟甲基、双羟甲基和三羟甲基的反应速率比为 9∶3∶1。脲、甲醛用量比（物质的量之比）为 1.5∶1 最合适，因为此时生成的—CH$_2$OH 浓度等于反应的氮官能团的浓度。相反，当脲、甲醛的物质的量之比为 2.5∶1 时，主要产生二羟甲基脲和相应的醚衍生物（无足够游离的氮官能团进一步聚合反应，但不会产生四羟甲基脲）。羟甲基脲进一步相互反应或与脲反应，生成一系列产物。

已经发现，酰胺基上的羟甲基与氨基之间的反应为氢离子催化的双分子反应，生成亚甲基桥：

$$—\overset{|}{N}—CH_2OH \ + \ HA \ \rightleftharpoons \ —\overset{|}{N}—CH_2^+ \ + \ H_2O \ + \ A^-$$

$$—\overset{|}{N}—CH_2^+ \ + \ HN— \ \rightleftharpoons \ —\overset{|}{N}—CH_2—\overset{H}{\underset{|}{N}}{}^+—$$

$$—\overset{|}{N}—CH_2—\overset{H}{\underset{|}{N}}{}^+— \ + \ A^- \ \rightleftharpoons \ —\overset{|}{N}—CH_2—N— \ + \ AH$$

速度常数取决于酰胺基或酰胺基上羟甲基的类型。

有人发现，在碱或弱酸性条件下（pH = 4 ~ 7），脲与甲醛反应生成亚甲基醚连接（—NH—CH$_2$—O—NH—）的脲分子。但在强酸性条件或高温条件下，转化成亚甲基键桥（—NH—CH$_2$—NH—）连接的脲分子。此外，羟甲基脲或取代基脲的生成多少还与脲、甲醛的物质的量之比有关。

用于涂料的脲醛树脂必须用醇类醚化改性，醚化后的树脂中具有一定数量的烷氧基，使原来分子的极性降低，并获得有机溶剂中的溶解性、对醇酸树脂等的混容性和涂料的稳定性。

醚化改性脲醛树脂主要有甲醚化脲醛树脂和丁醚化脲醛树脂 2 种。有用的甲醚化脲醛树脂大多属于聚合型部分烷基化的氨基树脂，有良好的醇溶性和水溶性。甲醚化脲醛树脂的特点是固化速度快，对金属有良好的附着力，成本较低，可做高固体分涂料、无溶剂涂料的交联剂。工业上又分为低相对分子质量甲醚化脲醛树脂和高相对分子质量甲醚化脲醛树脂。前者和各种醇酸树脂、环氧树脂、聚酯树脂有良好的混容性；后者适合与干性或不干性油醇酸树脂配合使用。

丁醇醚化的脲醛树脂在溶解性、混容性、固化性、涂膜性能和成本等方面都较理想，且原料易得，生产工艺简便，因而与溶剂型涂料相配合的交联剂多采用丁醚化脲醛树脂或其丁醇醚化的氨基树脂。

脲醛树脂分子结构上含有极性氧原子，所以对基材的附着力好，可用于底漆，也可用于中涂层，以提高面漆和底漆间的结合力。由于用酸性催化剂时可在室温下固化，故可用于双组分木器涂料。

7.2 三聚氰胺甲醛树脂

三聚氰胺（2,6）是含氮元素的杂环化合物，分子上有 3 个氨基，对甲醛来说具有 6 个官能团，在酸或碱的催化下，第一步为甲醛和三聚氰胺的加成反应，可产生 9 种羟甲基三聚氰胺分子结构，如下所示。

（2,6）

各结构的相对浓度取决于三聚氰胺和甲醛的物质的量之比和反应条件（如 pH、温度、催化剂等）。甲醛和三聚氰胺的羟甲基化加成反应的活化能约为 $98.6 \, kJ \cdot mol^{-1}$。

以碱性催化剂如碳酸钠水溶液为例，可能的反应机理为

$$—NH_2 + H_2C{=}O + B \rightleftharpoons —NH—CH_2—O^- + B—H$$

$$—NH—CH_2—O^- + B—H \rightleftharpoons —NH—CH_2—OH + B$$

式中，$—NH_2$ 为三聚氰胺的氨基基团。

一般 1 mol 三聚氰胺和 3~4 mol 甲醛结合，得到处理纸张和织物用的三聚氰胺甲醛树脂；和 4~5 mol 甲醛结合，经醚化后得到用于涂料的三聚氰胺甲醛树脂。

多羟甲基三聚氰胺之间可进一步缩聚成为大分子，缩聚反应分为以下 2 种方式进行：

① 一个三嗪环上的羟甲基和另一个三嗪环上未反应的活泼氢原子缩合成亚甲基，一步形成亚甲基键：

$$—CHOH + HN{<} \rightleftharpoons —CH_2—N{<} + H_2O$$

② 一个三嗪环上的羟甲基和另一个三嗪环上的羟甲基间的缩聚反应，先生成醚键，再进一步脱去一分子甲醛成为亚甲基键：

$$—CHOH + HOH_2C— \rightleftharpoons —CH_2OCH_2— + H_2O$$

$$—CH_2OCH_2— \longrightarrow —CH_2— + HCHO$$

多羟甲基三聚氰胺低聚物具有亲水性，不溶于有机溶剂，必须经过醇类醚化改性，才能溶于有机溶剂，并作为涂料交联剂使用。醚化反应中碱催化剂被酸和醇混合物中和，并以酸作为催化剂，形成烷氧亚甲基醚基团取代的三聚氰胺：

$$—NH—CH_2—OH + HA \rightleftharpoons —NH—CH_2—\overset{+}{\underset{H}{O}}H + A^-$$

$$—NH—CH_2—\overset{+}{\underset{H}{O}}H \rightleftharpoons —NH—CH_2^+ \leftrightarrow —HN^+{=}CH_2 + H_2O$$

$$—NH—CH_2^+ + ROH \rightleftharpoons —NH—CH_2—\overset{+}{O}{\underset{R}{\overset{H}{}}}$$

$$—NH—CH_2—\overset{+}{O}{\underset{R}{\overset{H}{}}} \rightleftharpoons —NH—CH_2—OR + HA$$

常用硝酸作为酸催化剂。当所用醇为甲醇或丁醇时，R 分别为甲基或丁基。

以丁醇为例：

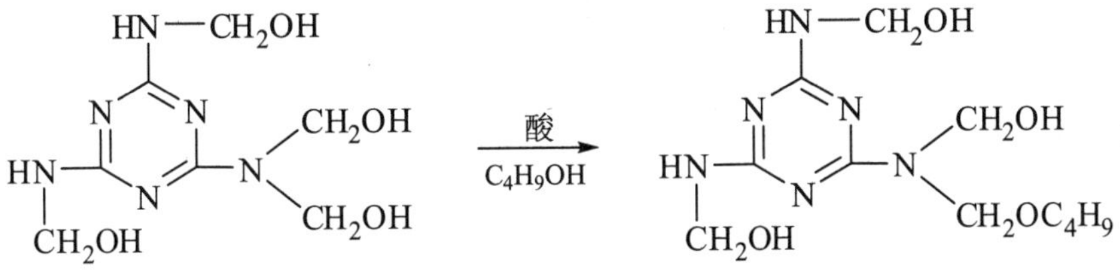

$$\text{（结构式）} \xrightarrow[\text{C}_4\text{H}_9\text{OH}]{\text{酸}} \text{（结构式）}$$

继续反应生成丁醇改性三聚氰胺甲醛树脂：

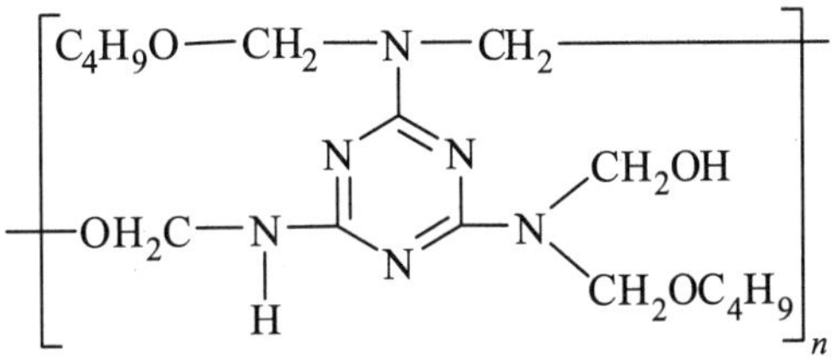

$$\left[\text{（结构式）}\right]_n$$

甲醚化三聚氰胺甲醛树脂按结构可分为下列几种类型：

1）聚合型部分烷基化三聚氰胺甲醛树脂

游离羟甲基较多，甲醚化度较低，相对分子质量较高，水溶性较好。树脂结构中的反应基团主要是甲氧基甲基和羟甲基。它与醇酸、环氧、聚酯、热固性丙烯酸树脂配合作交联剂时，易与基体树脂的羟基进行缩聚反应，同时也进行自缩聚反应，产生性能优良的涂膜。这类树脂可用于溶剂型涂料、水性涂料、卷材涂料、纸张涂料等。

2）聚合型高亚氨基高烷基化三聚氰胺甲醛树脂

游离羟甲基少，甲醚化度比聚合型部分烷基化三聚氰胺甲醛树脂高，相对分子质量比聚合型部分烷基化三聚氰胺甲醛树脂低，分子中保留了一定量的亚氨基。

这类树脂溶于水和醇类溶剂。与含羟基、羧基、酰胺基的基体树脂反应时，基体树脂的酸值即可有效地催化交联反应，外加弱酸性催化剂如苯酐、烷基磷酸酯等可加速固化反应，但在低温固化（120 ℃以下）时，其自缩聚反应快于交联反应而使涂膜过分硬脆，性能下降；在较高温度（150 ℃以上）固化时，由于进行自缩聚的同时进行了有效的交联反应，故能得到优良性能的涂膜。这类树脂可用于高固体分涂料、卷材涂料。

3）单体型高烷基化三聚氰胺甲醛树脂

游离羟甲基更少，甲醚化度高，相对分子质量最小，基本上是单体，这类树脂需要助溶剂才能溶于水。这类树脂的典型代表是六甲氧基甲基三聚氰胺甲醛树脂（HMMM）：

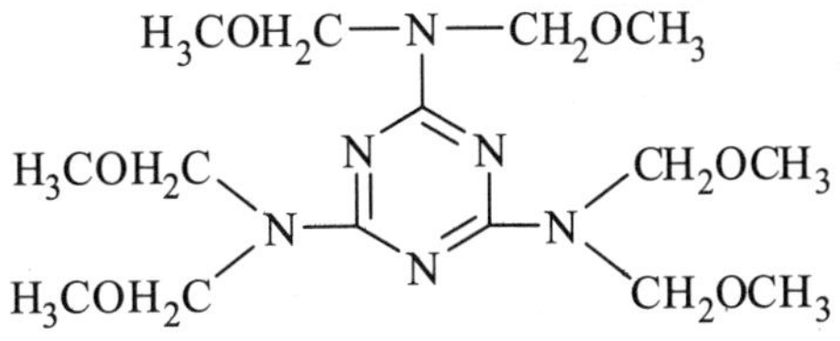

$$\text{（HMMM 结构式）}$$

HMMM 可与醇酸、聚酯、环氧树脂、热固性丙烯酸树脂等结构中的羟基、羧基、酰胺基进行交联反应，但作为交联剂时的固化温度高于通用型丁醚化三聚氰胺甲醛树脂。这类树脂可用于卷材涂料、粉末涂料、水性涂料、纸张涂料、油墨制造、高固体分涂料。

4）甲醚化苯代三聚氰胺甲醛树脂

主要指以苯基取代三聚氰胺甲醛分子上的一个氨基的甲醚化化合物，大多属于单体型高烷基化氨基树脂。由于每个三嗪环上都带有苯环，这类树脂具有亲油性，在脂肪烃、芳香烃、醇类中有良好的溶解性，涂膜具有优良的耐化学性，它已应用于溶剂型涂料、高固体分涂料、水性涂料。在电泳涂料中，它作为交联剂，与基体树脂配合还显示优良的电泳共进性。

此外，羟甲基三聚氰胺还可发生自缩聚反应，生成亚甲基醚为桥键的二聚体、三聚体或低聚体等副产品。

自聚合反应程度高，交联固化的漆膜发脆，因此自缩聚反应程度要控制，例如加入过量的醇以抑制自缩聚反应而有利于醚化反应，使醇改性的氨基树脂相对分子质量增加，交联固化比其他树脂硬度高。

7.3 氨基树脂在涂料中的应用

氨基树脂可在 120~150 ℃ 下交联固化，但固化膜的柔软性和黏结性差，不能单独用作涂料，一般与其他树脂如醇酸树脂、聚酯树脂、环氧树脂、丙烯酸树脂等混用，固化成膜。

7.3.1 与醇酸树脂的固化

氨基树脂常与非干性油如蓖麻油、椰子油的醇酸树脂一起使用，醇酸树脂上游离的羟基与氨基树脂上的羟甲基或烷氧基发生交联固化反应，醇酸树脂上残留的羧基做催化剂：

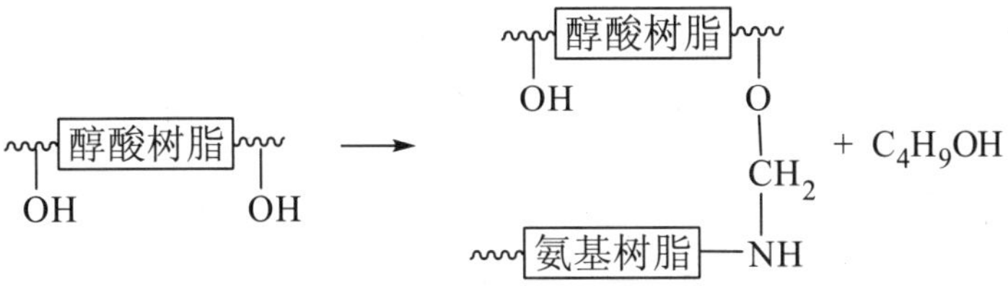

增加氨基树脂含量有利于增加漆膜硬度、保色性和耐化学药品性；增加醇酸树脂含量有利于改善漆膜的柔软性和黏结性。用脲醛树脂固化醇酸树脂和用三聚氰胺甲醛固化醇酸树脂，各有优点，视需要选择。

用脲醛树脂：① 漆膜黏结性更好（尤其是对金属）；② 脲醛树脂价格较低；③ 在酸催化剂存在下，固化可在室温下进行。

配方设计举例如表 7.1、表 7.2 所示。

表 7.1 氨基树脂与醇酸树脂固化配方设计举例（一）

组　成	质量/g	组　成	质量/g
钛白粉	26.5	二甲苯	10.65
蓖麻油醇酸树脂（50%固含量）	38.9	正丁醇	3.57
丁醚化脲醛树脂	20.38		

注：120 ℃下固化 30 min。

表 7.2 氨基树脂与醇酸树脂固化配方设计举例（二）

组　成	质量/g	组　成	质量/g
钛白粉	27.6	二甲苯	5.43
蓖麻油醇酸树脂（50%固含量）	47.9	正丁醇	1.8
丁醚化脲醛树脂	17.27		

注：120 ℃下固化 30 min 或 150 ℃下固化 20 min。

用三聚氰胺甲醛树脂：① 固化速度比脲醛树脂快、漆膜更硬；② 固化温度可高达 250 ℃，脲醛树脂的固化温度不能超过 150 ℃；③ 漆膜的光泽和保光性更好；④ 漆膜有极好的耐化学品性和户外耐久性。

7.3.2　与丙烯酸树脂的固化

含羟基或羧基的丙烯酸树脂可以与氨基树脂上的羟甲基或烷氧基发生交联反应固化成膜。

与含羟基的丙烯酸树脂反应：

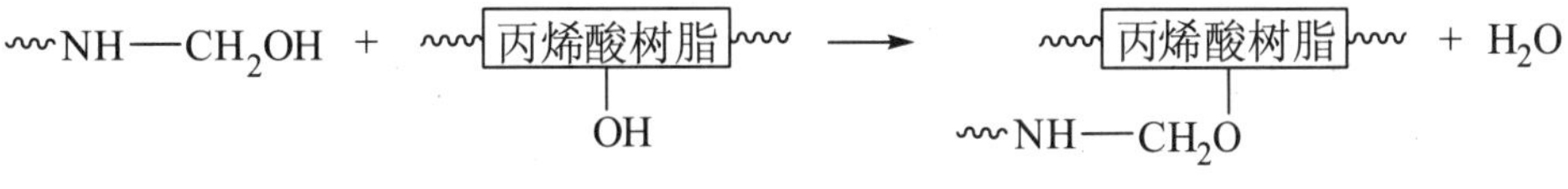

$$\sim NH-CH_2OC_4H_9 + \sim\boxed{丙烯酸树脂}\sim \longrightarrow \sim\boxed{丙烯酸树脂}\sim + C_4H_9OH$$
$$\underset{OH}{|} \qquad\qquad \underset{NH-CH_2O}{\overset{|}{\sim}}$$

与含羧基的丙烯酸树脂反应：

$$\sim NH-CH_2OH + \sim\boxed{丙烯酸树脂}\sim \longrightarrow \sim\boxed{丙烯酸树脂}\sim + H_2O$$
$$\underset{COOH}{|} \qquad\qquad NH-CH_2O-C=O$$

$$\sim NH-CH_2OC_4H_9 + \sim\boxed{丙烯酸树脂}\sim \longrightarrow \sim\boxed{丙烯酸树脂}\sim + C_4H_9OH$$
$$\underset{COOH}{|} \qquad\qquad NH-CH_2O-C=O$$

氨基树脂与羧基官能团的反应较慢，固化反应过程中还发生相当量的氨基树脂自缩聚反应，固化温度为 150 ℃，时间 30 min；氨基树脂与羟基官能团的反应较快，固化温度为 125 ℃，加入酸作为催化剂有利于提高固化速度。

氨基树脂/丙烯酸树脂的固化漆膜具有好的保色性、黏结性，优异的耐化学药品性和耐候性，极好的抛光性和户外耐久性，广泛用于汽车、家电和工业用涂料。所用的氨基树脂主要为混合的甲醚化/丁醚化 MF 树脂。

配方设计举例如表 7.3 所示。

表 7.3　氨基树脂与丙烯酸树脂固化配方设计举例

组　成	质量/g	组　成	质量/g
铬　绿	15.55	二甲苯	12.68
含羟基丙烯酸树脂（55%固含量）	52.28	正丁醇	3.17
丁醚化三聚氰胺甲醛树脂（55%固含量）	16.32		

注：120 ℃ 下固化 30 min。

7.3.3　与环氧树脂的固化

氨基树脂上的羟甲基或烷氧基可以与环氧树脂上的环氧基或羟基发生交联反应，固化成膜：

$$\sim NCH_2OH + \underset{CH_2-CH}{\overset{O}{\triangle}}\sim \longrightarrow \sim NCH_2-O-CH_2-\underset{\overset{|}{CH}}{\overset{OH}{|}}\sim$$

$$\sim NCH_2OH + \underset{CH_2-CH}{\overset{O}{\triangle}}\underset{|}{\overset{OH}{|}}\sim \longrightarrow \underset{CH_2-CH}{\overset{O}{\triangle}}\underset{|}{\overset{OH_2CN\sim}{|}}$$

$$\sim NCH_2OC_4H_9 + \sim\underset{H_2C-CH}{\overset{OH}{|}}\sim \longrightarrow \sim H_2C-\underset{\overset{|}{\xi}}{\overset{NCH_2-O}{CH}} + C_4H_9OH$$

固化漆膜具有优异的黏结性，耐化学药品性、保光性、保色性等，广泛用于金属的装饰，一般多用三聚氰胺甲醛树脂做固化剂。

配方举例如表 7.4 所示。

表 7.4　氨基树脂与环氧树脂固化配方设计

组　成	质量/g	组　成	质量/g
防沉剂（高岭土）	0.30	云母	2.52
钛白粉	15.09	环氧酯（50%固含量）	31.69
氧化锌	5.03	丁醚化二聚氰胺甲醛树脂	8.55
铬酸锌	5.03	二甲苯	21.73
滑石粉	10.06		

另一个常用的氨基树脂是苯代三聚氰胺，具有极好的防腐蚀性，主要与其他树脂一起用作容器和家电涂料。

8 高固体分涂料

高固体分涂料就是要求固体分含量在 60%~80%或更高，有机溶剂的使用量大大低于传统溶剂型涂料，符合环保法规要求的涂料。在现代涂料中，高固体分涂料发展速度很快，主要是在工业涂料中发展，引人注目的是要求较高的汽车面漆和中间层漆高固体分涂料占的比例较大。高固体分涂料的主要品种是丙烯酸和聚氨酯，在防腐、汽车修补等工业涂装中应用广泛。工业上应用的高固体分涂料其他品种还有环氧、不饱和聚酯、氨基醇酸系列等，主要应用于钢制家具、家用电器、农机具、机械、汽车零件、飞机与汽车等。

高固体分涂料的主要特点有：

1）低污染

高固体分涂料明显减少了 VOC 的排放量，为减少污染、改善生态环境作出很大贡献。使用高固体分涂料是降低环境污染及防止对人体健康危害的切实有效的措施。

2）高效率

高固体分涂料的生产与涂装工艺、设备、检测评价的仪器和传统的溶剂型涂料相同，发展高固体分涂料不需要增加设备投资。一次涂装的膜厚度是传统涂料的 1~4 倍，大大减少了施工次数。能保持高耐持久性、高装饰性。能适应各种工业如航空、航天、海洋事业与国防高新技术发展的需要。

3）节能源

高固体分涂料节省大量的有机溶剂，是省资源、省能源的低公害的涂料品种之一。

4）性能佳

以环氧树脂为基料的高固体分涂料具有涂膜有效交联密度高、抗化学腐蚀介质渗透能力强、耐蚀性好等特点。

目前，85%固体分的涂料已经面世。羟化丙烯酸-环氧体系和高固体分饱和聚酯树脂被用于装饰用高级白色烘烤磁漆。国际上高固体分涂料的发展方向是开发低温固化和快速固化涂料，如双包装体系、聚氨酯改性醇酸体系和单包装涂料。

本章主要探讨高固体分涂料的配方设计并着重介绍丙烯酸和聚氨酯类涂料高固体分化的情况。

8.1 高固体分涂料的配方设计基础

传统溶剂型涂料中成膜物是高分子聚合物，相对分子质量达到一定范围才能保证涂料的性能，所以涂料黏度较大。为满足生产和应用的要求，使用大量的有机溶剂来降低体系黏度。因此，传统溶剂型涂料施工时固体分在 55%以下。若要减少有机溶剂用量、提高固体分，还要保持体系的低黏度，当然不能通过简单、机械地减少有机溶剂来实现，从而给配方设计带来一系列理论与实践的问题。

8.1.1 成膜物对黏度的影响

8.1.1.1 成膜物相对分子质量和玻璃化温度的影响

众所周知，在固定的浓度下，聚合物溶液的黏度随相对分子质量的降低而降低。在固定黏度下，我们可以得到固含量即聚合物浓度与相对分子质量的关系，如图 8.1 所示。由图 8.1 可知，要增加浓度，必须降低聚合物的相对分子质量。

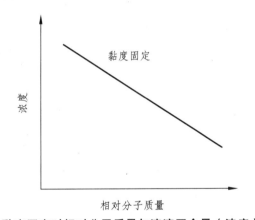

图 8.1　黏度固定时相对分子质量与溶液固含量（浓度）的关系

分子质量对黏度的影响可以用自由体积来解释。分子链端易发生链段运动，产生空穴，空穴与分子间的微缝隙即自由体积。相对分子质量降低，单位体积中的分子链端数增加，故链段运动加剧，引起自由体积增加。自由体积增加可使 T_g 下降，当然 T_g 不仅和相对分子质量有关，还和分子结构有关。试验证明，降低相对分子质量，虽能明显降低聚合物的 T_g 和黏度，但是过低相对分子质量的聚合物可能在热固化中挥发，实际降低了固含量，增加了 VOC 的量。

8.1.1.2 成膜物相对分子质量分布的影响

聚合物相对分子质量通常是多分散性的，相对分子质量分布系数 $d = \overline{M}_w / \overline{M}_n$（$\overline{M}_w$ 为重均相对分子质量，$\overline{M}_n$ 为数均相对分子质量）不同，其所对应的黏度也不同。对于多分散聚合物，与黏度相关的是 $\overline{M}_w$，二者有如下关系：

$$\eta = k\overline{M}_w^x$$

式中　k，x——和体系有关的常数。

对于聚合物熔融体来说，当 $\overline{M}_w$ 超过临界值 M_c 时，x 为 3 ~ 4，相当于分子链的缠绕对黏度的贡献。对于高固体分低聚物，一般不发生缠绕问题，x 值为 1 ~ 2。应用此式进行下列估算：两种 $\overline{M}_n$ 均为 1 000 的低聚物，第一种的相对分子质量分布系数 d 为 1，当 $x = 1.0$，$k = 10^{-3}$ 时，得 $\eta = 1$ Pa·s；第二种低聚合物的相对分子质量分布系数 d 为 3，即具有多分散性，当 $x = 1.0$ 时，则 $\eta = 3$ Pa·s。说明相对分子质量分布变宽，使体系黏度明显增加。因此，在降低相对分子质量的同时，应使相对分子质量分布尽量窄。

8.1.1.3　成膜物官能团含量及其分布的影响

为实现成膜物低黏度化，就要降低成膜物的相对分子质量。相对分子质量降低以后，为了固化产生大的相对分子质量，并形成交联结构以保证涂膜的性能，必须增加体系中活性官能团的量。官能团增加，分子极性增加，从而导致 T_g 和黏度增加。官能团是活性基团，其含量的增加又会使体系稳定性变差，从而降低了贮存稳定性。另一方面，官能团含量增加，如羟基增加，相应的交联剂（如 HMMM）也必然增加，这样在交联反应时释放出的有机小分子的量也相应增加，这又增加了 VOC 的量。所以在配方设计时应注意官能团含量和相对分子质量的合理平衡。

以上已讨论了为降低涂料的黏度，要降低相对分子质量并要求相对分子质量分布尽量窄，这就会出现官能团分布的问题。例如，一个高相对分子质量的聚合物（以 X 代表官能团）要降低相对分子质量，如降到原来的 1/5（以平均计），由于官能团分布的不均匀性，就可能出现某些分子只含一个官能团甚至不含官能团，如图 8.2 所示。那些无官能团的低聚物不能参加固化交联反应，或残留在涂膜中，降低了涂膜的性能，或在加热固化中挥发，增加 VOC 量。单官能团分子起封端剂作用，不能扩链。

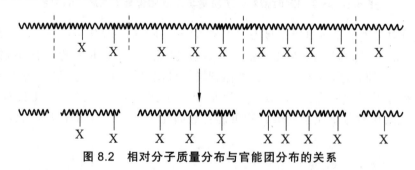

图 8.2　相对分子质量分布与官能团分布的关系

为了解决官能团含量及其分布的问题，较好的办法是合成遥爪式聚合物，即使官能团连在聚合物的两个链端。例如，丁二烯通过用 4,4-偶氮双(4-氰戊酸)为引发剂，羧烷基二硫为链转移剂，进行自由基聚合，可得到分子两端为羧基的聚丁二烯低聚物，反应过程示意如下：

$$HOOCCH_2CH_2 - \underset{\underset{CN}{|}}{\overset{\overset{CH_3}{|}}{C}} - N=N - \underset{\underset{CN}{|}}{\overset{\overset{CH_3}{|}}{C}} - CH_2CH_2COOH \longrightarrow 2HOOCCH_2CH_2 - \underset{\underset{CN}{|}}{\overset{\overset{CH_3}{|}}{C}} \cdot + N_2 \uparrow$$

$$n\,H_2C=CH-CH=CH_2 + HOOCCH_2CH_2 - \underset{\underset{CN}{|}}{\overset{\overset{CH_3}{|}}{C}} \cdot \longrightarrow$$

$$HOOCCH_2CH_2 - \underset{\underset{CN}{|}}{\overset{\overset{CH_3}{|}}{C}} \left[CH_2CH=CHCH_2 \right]_{n-1} CH_2CH=CHCH_2 \cdot$$

$$HOOCCH_2CH_2 - \underset{\underset{CN}{|}}{\overset{\overset{CH_3}{|}}{C}} \left[CH_2CH=CH_3CH_2 \right]_{n-1} CH_2CH=CHCH_2 \cdot + (HOOCR)_2S_2 \longrightarrow$$

$$HOOCCH_2CH_2 - \underset{\underset{CN}{|}}{\overset{\overset{CH_3}{|}}{C}} \left[CH_2CH=CHCH_2 \right]_{n} SRCOOH + \cdot SRCOOH$$

还可以通过基团转移法聚合成 α, ω-端羟基甲基丙烯酸甲酯。

$$HO \text{\tiny www} OOC - \underset{\underset{CH_3}{|}}{\overset{\overset{CH_3}{|}}{C}} \text{\tiny www} PMMA \text{\tiny www} CH_2 - \bigcirc\hspace{-1.5em}\text{benzene} - CH_2 \text{\tiny www} PMMA \text{\tiny www} \underset{\underset{CH_3}{|}}{\overset{\overset{CH_3}{|}}{C}} - COO \text{\tiny www} OH$$

这种低聚物不含无官能团分子,制成的磁漆与市售的白醇酸磁漆相比,有较好的实用性能、较高的硬度和抗性。

8.1.2　溶剂的选择

高固体分涂料和传统涂料相比,溶剂量大大减少,但溶剂的作用更显得重要。

8.1.2.1　溶剂和聚合物的相互作用

溶剂的作用是降低体系黏度,也是降低体系的 T_g 值。聚合物溶于溶剂中形成溶液,从这个体系中可导出一个经验方程式:

$$T_{g溶液} = T_{g聚合物} - KW_{溶剂}$$

式中　$W_{溶剂}$——溶剂的质量分数;

　　　　K——取决于聚合物和溶剂的常数。

　　由于高固体分涂料要求溶剂尽量少用，降低 $T_{g溶液}$主要靠增大 K 值。对高固体分涂料有意义的低聚物，其 K 值是未知的，溶液中低聚物分子的官能团增加，$T_{g溶液}$趋向增加。如果低聚物分子官能团间的相互作用能被溶剂隔离，即能有效地被溶剂与低聚物的相互作用取代，便可大大降低 $T_{g溶液}$，将与具有较大的 K 值等效。例如，对含羧基的低聚物而言，如果溶剂只起氢键接受体作用（如酮类），而不是起氢键给予体和接受体作用（如醇类），即选用氢键力 σ_H 匹配好的溶剂能消除低聚物分子间的作用力，从而降低体系的黏度，如下所示。因此，如果有 2 种溶剂分别和 1 种低聚物经受相似的相互作用，具有低密度（即具有较高自由体积）的溶剂具有较大的 K 值，降低 $T_{g溶液}$的作用更明显。

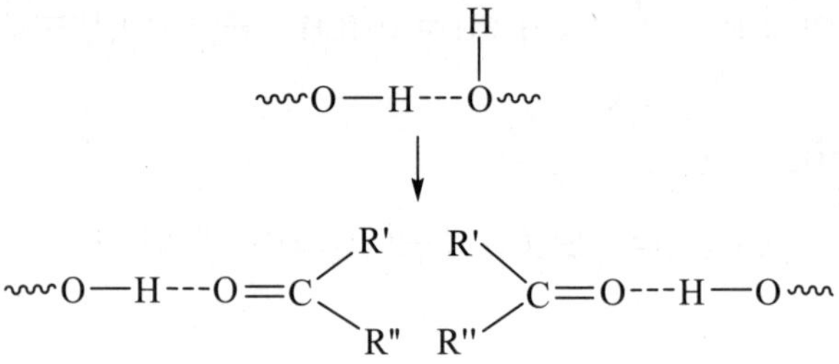

（a）酮

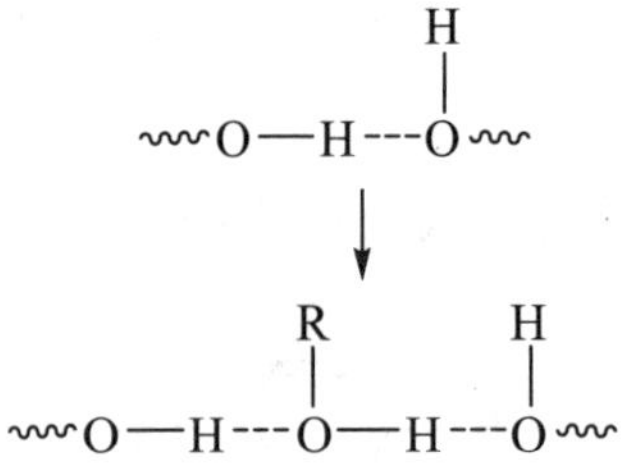

（b）醇

　　还可以从另一方面来形象解释良溶剂使高固体分涂料体系的黏度降低。由于固含量高，聚合物分子间距离靠近，缠绕、互穿作用增强，流动困难，因而黏度增加。良溶剂与聚合物分子充分作用，使其舒展，减少分子间纠缠，从而降低黏度。

8.1.2.2　溶剂的黏度

　　研究发现，溶剂的黏度对低聚物溶液的黏度有很大影响，可用下式表示：

$$\lg\eta = \lg\eta_s + \frac{W}{K_a - K_b W}$$

式中　　W——低聚物在溶液中的质量分数；

　　　　η，η_s——溶液和溶剂的黏度；

　　　　K_a，K_b——常数。

　　从上式可以看出，低黏度的溶剂可以降低体系的黏度。

　　当然，溶剂的毒性、挥发性、安全性（闪点、自燃点、爆炸极限等）、成本等，传统溶剂型涂料选择溶剂的原则，同样适用于高固体分涂料。

8.1.3 色漆化问题

1）色漆化对黏度的影响

前面的叙述只讨论了影响聚合物溶液黏度的因素，色漆黏度的影响因素尚未涉及，色漆是一个两相体系：颜填料组成分散内相，聚合物溶液是分散外相。高固体分涂料因溶剂含量低，在干膜相同的条件下，比传统溶剂型涂料的内相体积高。例如，干膜中的 PVC 都为40%时，固体分为70%的涂料含颜料体积分数为28%，而固体分为35%的传统溶剂型涂料的颜料体积分数只有14%。在外相黏度相同的情况下，高固体分涂料比传统溶剂型涂料的黏度大，这就为高固体分涂料色漆化带来困难。

颜料分散时，为了提高效率，希望在分散介质中树脂的量越少越好，只要所加树脂的量能保证已分散的颜料粒子不重新聚集即可。高固体分涂料中溶剂量有限，不足以保证分散介质达到较低的树脂浓度。因此，每次分散颜料的量必然减少，因而效率较低。另一方面，由于分散介质黏度较高，润湿过程也较慢，因而加颜料的速度也要减慢。

2）颜料的絮凝

高固体分涂料由于固含量高，颜料絮凝的可能性比传统溶剂型涂料大得多。在传统涂料中，颜料絮凝引起涂膜着色和光泽方面的问题，但高固体分涂料除了上述问题外，还会导致黏度的急剧增加。因此，防止絮凝十分重要。高固体分涂料防止絮凝的方法有，让颜料粒子表面吸附漆料层，靠静电排斥和位阻排斥使粒子难以靠近。能否有效地防止絮凝还取决于吸附层的组成结构和厚度。另外，加表面活性剂也可起到防止絮凝作用。

8.1.4 助剂的选择

除传统溶剂型助剂如颜料分散剂、防霉溶剂等，高固体分涂料黏度低、湿膜厚、流动性大，特别需要合适的防流挂剂，如碱性磺酸钙凝胶、丙烯酸微凝胶等。另外，要求助剂不能明显增加体系的黏度。

8.2 丙烯酸树脂高固体分涂料

8.2.1 丙烯酸树脂黏度降低的途径

丙烯酸涂料高固体分化和其他高固体分涂料存在共性问题，即要降低树脂的黏度。降低相对分子质量是降低树脂黏度最有效的办法，但相对分子质量降低过多，影响涂膜性能。因此，最好考虑其他途径降低树脂黏度，如采取添加链转移剂，引入叔碳缩水甘油酯、含环烷基的丙烯酸酯等措施。

8.2.2　高固体分丙烯酸涂料的交联固化物性

成膜物的相对分子质量大小及进行交联反应的官能团含量对涂膜的物性、力学性能影响明显。丙烯酸低聚物相对分子质量增加，涂膜的 T_g 增加。羟基的含量及其在分子中的位置都对涂膜性能有影响。随着丙烯酸低聚物相对分子质量的降低，端羟基在羟基中占的比例 Q_E 提高，涂膜的 T_g 交联密度随 Q_E 提高而降低。因此，设计配方时，要考虑相对分子质量适当，使用混合多元醇降低羟基含量。

通过试验还证实，涂膜的 T_g 和交联密度均随烘烤温度上升而增加。涂膜强度也随烘烤温度呈上升趋势。

8.2.3　实用性高固体分丙烯酸涂料

氨基丙烯酸树脂涂料涂膜保光、保色性好，适合户外使用，其用作汽车面漆用量逐年增加。但一般高固体分丙烯酸涂料抗酸雨、抗腐蚀性差。抗酸雨能力是现代汽车面漆的重要指标。

8.2.3.1　用硅氧烷改性丙烯酸高固体分涂料

丙烯酸低聚物中羟基是交联用的官能团，极性大。为降低树脂极性，采用硅氧烷预先封闭羟基丙烯酸单体中的羟基，反应如下：

甲基丙烯酸羟乙酯　　三甲基氯硅烷　　　　　　TMSEMA（甲基丙烯酸三甲基硅氧乙基酯）

生成的甲基丙烯酸三甲基硅氧乙基酯，用 B—OH 代表，可用于汽车清面漆（罩光漆）。该涂料是双包装体系，含封闭羟基（B—OH）的丙烯酸低聚物为一包装，多异氰酸酯为另一包装，140 ℃/20 min 固化，反应历程如下：

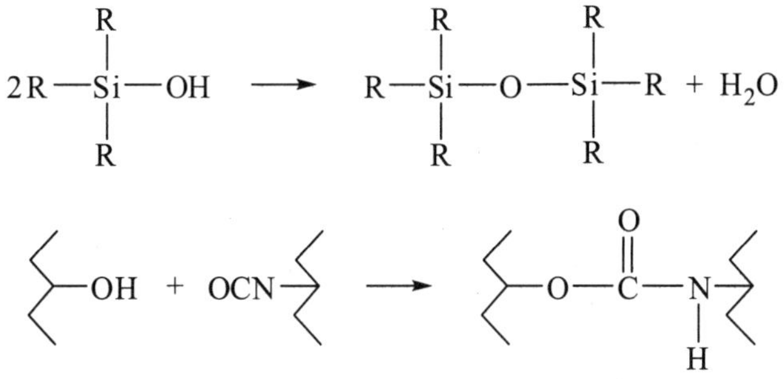

$$2R-\underset{\underset{R}{|}}{\overset{\overset{R}{|}}{Si}}-OH \longrightarrow R-\underset{\underset{R}{|}}{\overset{\overset{R}{|}}{Si}}-O-\underset{\underset{R}{|}}{\overset{\overset{R}{|}}{Si}}-R + H_2O$$

$$\succ\!\!-OH + OCN\!-\!\!\prec \longrightarrow \succ\!\!-O-\overset{\overset{O}{\|}}{C}-\underset{\underset{H}{|}}{N}\!-\!\!\prec$$

与传统的氨基丙烯酸调配成汽车清面漆,二者漆膜性能检测结果见表 8.1。

表 8.1　汽车清面漆性能比较

检测项目	B—OH/—NCO	氨基丙烯酸	检测项目	B—OH/—NCO	氨基丙烯酸
铅笔硬度	HB	F	耐酸雨性	好	差
20°	86	88	凝胶分数/%	98.8	95.4
二甲苯摩擦	好	好	非挥发分/%	88	44
抗冲击性/cm	50	30	固化膜 T_g/℃	110	110
耐水性	好	好	贮存稳定性/s（福特 4 号杯）	凝胶	+0
抗磨划性（保光率）/%	74	25			

23 ℃ 下存 24 h 后测黏度变化。检测结果证明,B—OH/—NCO 交联施工黏度下,非挥发分比氨基丙烯酸要高 44%以上,耐酸雨性优,抗磨划性也好。

8.2.3.2　有机硅改性丙烯酸高固体分涂料

某些有机硅聚合物黏度低,在喷涂施工黏度下,固含量可达 100%,并具有优良的耐久性和抗酸雨性。根据硅橡胶室温硫化在双键上产生氢化硅烷化反应的启示,可设计含—SiH 的有机硅聚合物和含双键的丙烯酸低聚物配合作为成膜物,用含双键的醚低聚物作为活性稀释剂的高固体分清漆组分,其固化交联反应如下:

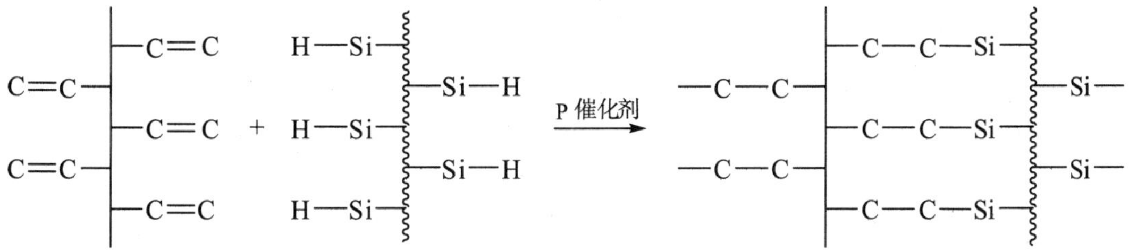

含烷烯基的　　　　含氢硅基的　　　　　　　　　交联固化的涂膜
丙烯酸低聚物　　　有机硅聚合物

8.3 聚氨酯高固体分涂料

近年来，国外环保法规日趋严格，聚氨酯涂料的发展受到很大影响。保持聚氨酯优良的综合性能和符合环保规定的 VOC 量，是聚氨酯涂料发展的方向。—NCO/—OH 双组分体系是聚氨酯涂料的主流产品，为降低其 VOC 量，必须提高喷涂黏度下的固体分含量。

8.3.1 聚氨酯涂料高固体分化途径

8.3.1.1 高反应性的固化剂

由于做主剂的丙烯酸相对分子质量降低，需要黏度低、交联活性高的聚氨酯固化剂。较好的新开发的多异氰酸酯多聚体，有 TDI 三聚体（Ⅰ），HDI 的缩二脲（Ⅱ）和三聚体（Ⅲ），IPDI 三聚体（Ⅳ），这些分子官能度都在 3 以上，相对分子质量比预聚物小，黏度低，交联活性高，其结构如下所示：

8.3.1.2 添加稀释剂

溶剂型聚氨酯涂料的理想反应性稀释剂应具有以下特性：

（1）低黏度性；

（2）良好的溶解能力和溶剂化本领；

（3）合适的使用期和固化特性；

（4）良好的涂膜性能和耐候性。

可供选择的聚氨酯高固体分稀释剂有低相对分子质量二元醇或多元醇、醛亚胺、噁唑烷等。以噁唑烷较优：

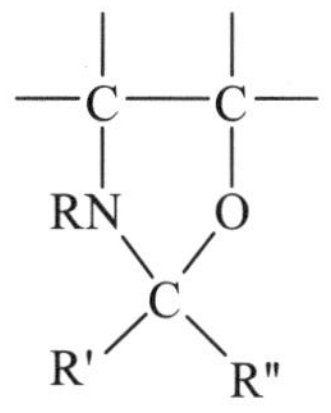

8.3.1.3 使用免除环保限制的溶剂

采用非光化学活性溶剂部分取代光化学活性溶剂也是可行的方法。如 1，1，1-三氯乙烷没有光化学活性，具有合适的蒸发速率，且按标准检测无闪点，大多数国家不将它计入 VOC 之列。它的溶解能力介于脂肪烃和含氧溶剂之间，氢键力较小，与树脂混溶性好。

8.3.2 无酯基树脂高固体分涂料

传统的具有—OH 的聚酯和醇酸树脂，通过酯键形成聚合物骨架；丙烯酸酯低聚物也含有酯键。这些树脂通过三聚氰胺甲醛树脂（如 HMMM）交联固化得到的汽车涂料抗酸雨的性能较弱，主要是因为含酯键。

多异氰酸酯多元醇低聚物不含酯键（含氨酯键），和 70%的高固体分丙烯酸低聚物的黏度相当，用 HMMM 交联固化，涂膜抗酸雨性优良。

多异氰酸酯多元醇（PPO）的配方及工艺如表 8.2 所示。

表 8.2　PPO 的配方

组　分	质量/g	组　分	质量/g
1，3-丁二醇	150.3	二丁基二月桂酸锡（10%溶液）	0.45
甲乙酮（MEK）	194.0	HDI 三聚体溶液（HDI-LV）	302.3

　　工艺：以 1, 3-丁二醇和 HDI 三聚体制备 PPO 为例。在加热台上装置四口烧瓶，四个口中分别装有回流冷凝管、加料管、N_2 气导入管。在瓶中先投入 150.3 g 1, 3-丁二醇（BD）（1.67 mol）、97.0 g 甲乙酮（MEK）和 0.45 g 10%二丁基二月桂酸锡溶液（以固体树脂 0.01%计）。在搅拌下加热混合物到 70 ℃后，于 2.5 h 内加入 302.3 g HDI 三聚体溶液，再继续搅拌 45 min 后撤去热源，让溶液冷却至室温。通过 IR 谱带在 2 250 cm^{-1} 处消失来确认异氰酸酯完全反应。最后产品呈水白色液体，具有黏度 2 120 mPa·s。

　　通过实际使用证实，PPO/HMMM 体系是当前仅有的抗酸雨、耐候性优良的单包装高固体分聚氨酯涂料，尽管施工黏度下固体分只有 60% ~ 65%，但 VOC 量在 411 g/L 以下，符合环保要求。

8.3.3　高性能氟碳聚醚聚氨酯高固体分涂料

　　氟元素电负性强，与碳原子形成的键能（485.67 kJ/mol），高于碳元素与其他元素形成的键能，故氟碳树脂化学性质十分稳定，具有优异的综合性能。当前，只有含氟碳树脂的涂料耐久性可达 20 年以上，兼有优异的耐化学药品性、防腐蚀性、耐磨性、耐污染性及耐热寒性。

　　要实现氟碳树脂高固体分，需合成低相对分子质量、柔韧性好的氟碳齐聚型树脂。全氟聚醚（PFPE）及其衍生物符合这种要求。全氟聚醚 PFPE 的工业生产过程是以全氟乙烯和氧的光共聚作用为基础，随后生成"中性的"具有三氟甲氧端基的全氟聚醚。生成的多过氧化物分解可以生成二酯中间体 ZDEAL（Ⅰ），还原得到全氟聚醚多元醇 ZDOL（Ⅱ）。

$$CH_3O_2CCF_2O(CF_2CF_2O)_m(CF_2O)_nCF_2CO_2CH_3$$
$$（Ⅰ）$$

$$HOH_2CCF_2O(CF_2CF_2O)_m(CF_2O)_nCF_2C_2OH$$
$$（Ⅱ）$$

　　以 ZDOL 为基础合成了全氟聚醚聚氨酯（F-Pu）、全氟聚醚聚酯（F-Pe）两种树脂，其配方组成如表 8.3。

表 8.3　F-Pu 和 F-Pe 树脂配方组成

树脂类型	氟醚大分子(ZDOL)	IPDI	HHPA	TMP	NPG
F-Pu	1 分子（60%）	2 分子（25%）		2 分子（15%）	
F-Pe	1 分子（28%）		11.5 分子（42%）	3.5 分子（11%）	7.5 分子（19%）

注：① IPDI—异佛尔酮二异氰酸酯；HHPA—六氢化苯酐；TMP—三羟甲基丙烷；NPG—新戊二醇。
　　② 括号内表示质量分数。

F-Pu 合成分两步，第一步 ZDOL（以 HO—PFPE—OH 表示）和 IPDI（以 OCN—R—CH₂—NCO 表示）反应：

$$HO—PFPE—OH + OCN—R—CH_2NCO \longrightarrow$$

$$OCN—R—CH_2NHCOO—PFPE—OOCNHCH_2—R—NCO$$

第二步是上述 NCO 化中间体和三羟甲基丙烷反应，生成羟基化的氟醚聚氨酯 F-Pu：

$$OCN—R—CH_2NHCOO—PFPE—OOCNHCH_2—R—NCO + H_3CH_2C—\overset{\overset{\displaystyle CH_2OH}{|}}{\underset{\underset{\displaystyle CH_2OH}{|}}{C}}—CH_2OH \longrightarrow$$

$$H_3CH_2C—\overset{\overset{\displaystyle CH_2OH}{|}}{\underset{\underset{\displaystyle CH_2OH}{|}}{C}}—CH_2OOCNH—R—CH_2NHCOO—PFPE—OOCNHCH_2—R—NHCOOCH_2—\overset{\overset{\displaystyle CH_2OH}{|}}{\underset{\underset{\displaystyle CH_2OH}{|}}{C}}—CH_2CH_3$$

由于羟基官能度的全氟聚醚或全氟聚醚多元醇具有十分低的 T_g 和黏度，适当选择交联剂可获得很好的户外耐候性、耐磨性和抗化学药品性，是高固体分涂料很有发展前途的品种。

8.4 高固体分涂料的涂膜缺陷

高固体分涂料在实际应用中还面临着一些问题，需要解决。

1）流　挂

第一是烘烤前流挂。高固体分涂料的流挂由以下原因所致：为控制黏度，聚合物的相对分子质量较低；溶剂含量低而不能快速蒸发，使黏度迅速提高；由于雾化不良导致液滴较大，降低了溶剂蒸发的表面积；使用了与聚合物相互作用的强溶性溶剂，导致溶剂吸留于涂膜中而降低了黏度。第二是烘烤中流挂。由于温度对黏度的影响很大，因此高固体分涂料在烘烤中的流挂倾向较大。

上述流挂问题都较严重，会导致涂膜的外观和性能发生明显变化。在金属闪光漆中，由于溶剂量少，溶剂挥发慢，内部溶剂对流作用弱以及流挂问题，使铝粉粒子在涂膜中取向大受影响，从而影响金属涂料的光学效应。流挂问题可用不影响涂膜性能的特种流变性防流挂剂来解决，如丙烯酸微胶和碱性磺酸钙凝胶等就能有效地解决流挂问题。

2）缩边和缩孔

当将表面张力相对较高的涂料施工于表面能相对低的底材上时，易出现缩边现象。高固体分涂料含有高官能团含量的低聚物和相对高极性的溶剂，所以表面张力比传统涂料更高。

缩孔也是由表面张力驱使的流动所造成的，引起缩孔的材料其表面张力比湿膜的低。为了克服表面张力引起的问题，必须对底材作表面处理，使其表面自由能达到最高。清洁的金属一般有足够高的表面能；塑料制品应进行表面处理去除其残余脱膜剂。

3）边缘覆盖性差

涂料在表面锐边处有边缘覆盖性差的问题。由于湿涂料的回缩，这些部位沉积的涂层干膜厚度较薄，成为早期涂层破坏的起始点。高固体分涂料因其高表面张力，其边缘覆盖性问题比传统涂料的严重。为解决此问题，需在边缘及其周围增加施工条纹涂层，即外加涂层。

9 粉末涂料

粉末涂料的应用始于20世纪50年代，真正得到发展是在70年代后。粉末涂料是指固含量为 100%，不含溶剂的一种新型涂料，与其他类型涂料相比具有环保，原材料利用率高，涂层附着力强，抗冲击强度高，耐化学药品腐蚀能力强，电气绝缘性好，涂装效率高，贮存、运输安全方便等优点。

粉末涂料的优点很多，但同时也存在着不足之处，比如粉末涂料调色困难，外观不如溶剂型涂料，烘烤温度较高等。解决粉末涂料存在的问题已经成为涂料行业发展的重大课题。随着研究的不断深入，一些新型的粉末涂料，如低温固化粉末涂料、功能美术型粉末涂料和高性能耐候性粉末涂料等均已问世，而且新的涂装技术也在不断更新，粉末涂料和涂装工业的前景十分美好。

9.1 粉末涂料的特点

粉末涂料与传统的溶剂型涂料和水性涂料相比，应该控制以下几种特有性能。

1）粉末涂料粒子形状

粉末涂料的原料和制造工艺的不同导致了粒子形状的不同。机械粉碎法得到的粒子形状为多面体，大部分情况能够满足贮存、运输和喷涂的要求。化学粉碎法和喷雾干燥法得到的粒子形状接近球形，有较好的流动性和带电性，然而制造工艺复杂、成本高，不利于大规模工业化生产。

2）粉末涂料的粒度分布

粉末涂料的粒度分布取决于制造设备和工艺。当粒度分布中细粉过多时，其干粉流动性不好；如果粗粉较多，涂膜的平整性不好，涂膜厚度太厚。

3）粉末涂料的密度和压缩度

密度可以分为真密度和表观密度，表观密度又可分为松散密度和装填密度。真密度取决于原材料的品种和用量。真密度过大说明粉末粒子的质量太大，真密度过小说明粉末粒子过轻，这都不利于粉末涂料的涂装，因此要把真密度控制在一定范围内。松散密度是粉末涂料在静止状态下的密度，装填密度是使粉末处于振动状态下变成致密状态时的密度。

$$压缩度 = \frac{装填密度 - 松散密度}{装填密度}$$

压缩度是反映干粉流动性的重要参数。另外，安息角和流度也都是反映干粉流动性的重要参数。

4）熔融流动性

熔融流动性是评价涂料涂膜流平性的重要参数之一。粉末涂料的熔融流动性大时，有利于涂膜的流平，但是涂膜的边角覆盖力不好；相反，熔融流动性小时，涂膜的边角覆盖力好而流平性差。在设计配方时有必要适当考虑粉末涂料的熔融流动性。

5）胶化时间

胶化时间是指粉末涂料在固化温度下，从熔融状态到交联固化（涂料不能拉成丝为止）所需的全部时间。一般反应活性大、固化速度快的粉末胶化时间短，反应活性小、固化速度慢的粉末胶化时间长。胶化时间太短不利于涂膜的流平，胶化时间太长又需要延长烘烤时间，因此应该选择胶化时间合适的粉末涂料。

6）流变性质

粉末涂料在成膜过程中的流变性质要求与液体涂料不同，图 9.1 所示是两种具有类似化学活性的涂料在成膜过程中的流变性的变化，由图可知粉末涂料与液体涂料在流变性上的差别。影响热固性粉末涂料的流变性的因素有树脂熔融温度与反应开始温度之间的温差和烘烤固化的加热速度等。

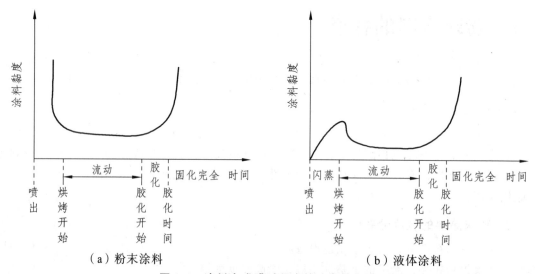

（a）粉末涂料　　　　　　　　　（b）液体涂料

图 9.1　涂料在成膜过程中的流变性变化

9.2　影响粉末涂料性能的因素

粉末涂料与溶剂型涂料相比，似乎较简单，只需将树脂、颜料和助剂一起通过挤出机经过熔融共混并冷却、细粉碎、过筛即可。但实际上，粉末涂料更复杂，例如，通过溶剂或溶剂混合物的选择可以调节溶剂型涂料的应用性能而又不影响涂膜的最终性能，而粉末涂料的应用性能则与其加工性能、成膜性能及涂膜最终的性能有关，了解不同的树脂和涂料参数以及它们对最终涂料性能影响的关系，对于正确选择粉末涂料的配方具有十分重要的意义。下面将主要讨论树脂的一些重要参数如相对分子质量、官能度、玻璃化温度、黏度、树脂/固化剂用量比、催化剂用量、表面张力、颜料体积浓度、粒子尺寸与粉末涂料性能的关系。

9.2.1 树脂的相对分子质量

粉末涂料的机械性能如拉伸强度、冲击强度主要取决于数均相对分子质量，而重均相对分子质量则决定树脂的熔融黏度。对于聚合物，机械性能可由下式表示：

$$X = X_\infty - \frac{A}{M_n}$$

式中　X——机械性能；

　　　X_∞——相对分子质量无穷大时的机械性能；

　　　A——经验常数。

通常相对分子质量为 20 000～200 000 的聚合物有好的拉伸强度和冲击强度，相对分子质量太高，熔融黏度太大，影响涂料的加工性能和流动性。

9.2.2 涂料组成的官能度

增加固化剂或聚酯本身的官能度可以减少涂料的配方对官能团物质的量之比的敏感程度。例如，以数均相对分子质量为 1 500、官能度为 2 的环氧树脂为固化剂，聚酯树脂的数均相对分子质量为 3 800，官能度为 2～3.25，则体系的数均相对分子质量与官能度和转化率之间的关系如图 9.2 所示。

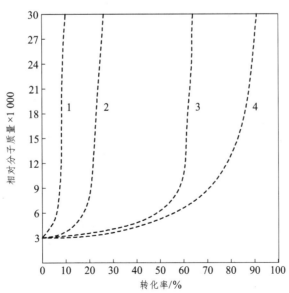

图 9.2　体系的数均相对分子质量与转化率和官能度之间的关系

1—官能度为 3.25；2—官能度为 3；3—官能度为 2.5；4—官能度为 2

官能度为 2 时，为得到体系的相对分子质量为 20 000，转化率为 86%，而当官能度为 2.5、3、3.25 时，转化率分别为 62%、24%和 8%。

9.2.3 玻璃化温度

聚合物的运动形式主要分为链段运动和分子运动。当在 T_g 以下，仅仅只有少量链原子进行局部振动和转动；达到 T_g 时，大量的聚合物链段能够运动；高于 T_g 时，链段的振动大到足以"摆脱"邻位链段，产生新的空穴，增大了聚合物的自由体积，即为橡胶态或黏弹态。假如体系不交联，分子呈无规的布朗运动，从一个空穴跳跃到另一个空穴，呈分子级运动。施加应力时，这种跳跃呈某种优先方向，释放应力，聚合物材料产生流动。

9.2.3.1 T_g 对涂料性能的影响

1）T_g 对粉末稳定性的影响

设一层粉末涂料粒子，其所受压力来自于另外一层粉末粒子的重量。假如粉末的 T_g 高于贮存温度，因为缺少链段运动，所以在不同的粒子之间无链段或分子级的分散；当 T_g 低于贮存温度时，链段运动大到在不同的粉末粒子之间产生分子链相当程度的互穿，导致粒子之间黏着结块，这种现象称为粉末涂料的物理不稳定性。因此，粉末涂料必须具有高的 T_g，以得到好的物理稳定性。实际经验是粉末涂料的 T_g 不应该低于 40 ℃。

对于热固性粉末涂料，T_g 也影响体系的化学稳定性。热固性粉末涂料涉及树脂和交联剂固化，但从热力学观点来看，只有当反应物相互碰撞达到足够的能量，至少等于活化能时，反应才能发生。当 T_g 高于贮存温度时，树脂和交联剂的功能基团相互碰撞的几率很低，这样粉末涂料的树脂和交联可以作为单一组分存在，而不必像液体热固性涂料，为双组分体系。但当 T_g 低于贮存温度时，粉末涂料的化学稳定性受到影响。

2）T_g 对熔融黏度的影响

聚合物的熔融黏度与 T_g 的关系可以用 WLF 方程式表示：

$$\lg \eta_T = \lg \eta_{T_g} - \frac{C_1(T - T_g)}{C_2 + (T - T_g)}$$

式中　η_T ——玻璃化温度为 T_g 的聚合物在温度为 T 时的黏度；

η_{T_g} ——温度等于 T_g 时的黏度；

C_1，C_2 ——常数（作为近似，$C_1 = 17.44$，$C_2 = 51.6$）。

WLF 方程只适用于温度间隔（$T - T_g$）<100 ℃ 范围内聚合物熔融黏度的计算。对于 ($T - T_g$) >100 ℃，熔融黏度受键转动和次级链段相互作用的影响比自由体积的大，其黏度可由下式表示：

$$\lg \eta = \lg K + \frac{E_a}{RT}$$

式中　　E_a——黏性流动的活化能；

　　　　K——常数。

影响熔体流变行为的因素很多，且各种影响因素之间相互关系复杂，所以 WLF 方程并不能直接用来计算粉末涂料黏度的绝对值，但对于比较不同 T_g 的树脂的黏度十分有用。例如，对 $T_g = 60\ ^\circ\!C$ 和 $T_g = 30\ ^\circ\!C$ 的 2 种树脂，当 $T = 150\ ^\circ\!C$ 时，根据 WLF 方程，可比较显示 T_g 为 $60\ ^\circ\!C$ 的树脂在 $150\ ^\circ\!C$ 时熔融黏度比 T_g 为 $30\ ^\circ\!C$ 树脂的大 10 倍左右。

3）T_g 对内应力的影响

内应力存在于几乎所有涂料形成的涂膜中，但以热固性涂料，尤其是粉末涂料和辐射涂料最明显。

热固性涂料产生内应力主要有 2 种原因：一是涂料在固化成膜过程中，由于发生交联或开环等化学反应导致尺寸的变化；二是涂料和基材的热膨胀系数不同，当烘干固化的涂料降温时，涂料和基材的尺寸变化不同，尺寸变化的结果导致内应力的生成。当环境温度在涂料的 T_g 以上时，内应力由于快速松弛而被完全释放；但当环境温度在涂料的 T_g 以下时，应力松弛过程进行很慢，涂层与基材的尺寸变化不一致，产生的内应力和固化涂膜的 T_g 与环境温度（涂膜被冷却到的温度）之差成正比。

9.2.3.2　混合物的 T_g

粉末涂料中的固化剂或交联剂在室温下大多为固态低相对分子质量化合物，且 T_g 较低。当与树脂在挤出机中熔融共混并冷却至贮存温度时，固化剂的分子运动受到限制，也就是说，粉末涂料中树脂和固化剂呈均相混合，表现为一个 T_g。既然固化剂的 T_g 通常较低，因此，共混物的 T_g 总是低于树脂的 T_g。

理论上，用来计算非晶态无规共聚物的 T_g 的方程式对聚合物共混物或聚合物和低相对分子质量化合物的共混物同样有效。最简便和最常用的是 FOX 方程：

$$\frac{1}{T_g} = \frac{W_1}{T_{g1}} + \frac{W_2}{T_{g2}}$$

式中　　W_1，W_2——组分 1 和 2 的质量分数。

9.2.4　黏　度

粉末涂料的熔融黏度对涂料的加工性能和成膜性能影响很大。熔融黏度与重均相对分子质量之间的关系如图 9.3 所示。由图可知，低相对分子质量时，聚合物的熔融黏度可表示为

$$\lg \eta = A \lg M_w + K_1$$

高相对分子质量时，聚合物的熔融黏度可表示为

$$\lg \eta = B \lg M_w + K_h$$

式中　　K_1，K_h——低聚合度和高聚合度聚合物的常数。

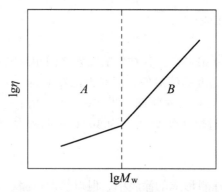

图 9.3 聚合物的熔融黏度与重均相对分子质量的关系

FOX 已经指出，低于某一临界重均相对分子质量时，熔融黏度与聚合物的 M_w 成正比（$A = 1$）；高于这一临界值时，高相对分子质量聚合物的熔融黏度与聚合物的 M_w 成正比（$B = 3.4$）。尽管不同的聚合物有不同的临界重均相对分子质量，但对于大多数聚合物，这一临界重均相对分子质量值在数均相对分子质量为 30 000 或重均聚合度为 600 左右。

1）黏度对加工性能的影响

黏度对加工性能的影响从 2 个方面考虑：一方面，在挤出机熔融共混过程中，高黏度树脂可以得到高剪切应力，从而有利于粗颜料粒子的细化粉碎；但另一方面，颜料的润湿实际上是吸附在颜料粒子表面的空气和水等被树脂分子置换，黏性树脂有利于颜料的润湿。一般为得到最佳的分散效果，树脂在特定温度下有一最优黏度值。

2）黏度对成膜性的影响

粉末涂料的成膜过程与乳胶漆类似，涉及熔融粉末粒子的凝聚以形成连续的涂膜。一般低熔融黏度不仅有利于成膜过程中粉末粒子的快速凝聚，也有利于粉末涂料得到好的流平性；但黏度太低会使边缘涂层太差，甚至产生流挂现象。

9.2.5 树脂/交联剂比例

树脂/交联剂的用量比不仅直接影响体系的相对分子质量，而且还影响体系的熔体黏度和 T_g，从而影响粉末涂料的机械性能、加工性能和成膜性能等。对于含羧基或羟基的树脂，当以多异氰酸酯交联固化时，交联剂的用量可以根据树脂中的酸值或羟值和交联剂中的官能团值来计算：

$$EC = \frac{R \times AV \times EEW}{56\,100}$$

$$IC = \frac{0.074\,9 \times R \times HV}{NCO}$$

式中　EC——环氧交联剂用量，g；

IC——异氰酸酯交联剂用量，g；

R——含羧基或羟基官能团树脂的用量，g；

AV——树脂的酸值，mg KOH · g^{-1}；

HV——树脂的羟值，mg KOH · g^{-1}；

EEW——环氧交联剂的环氧当量值，g；

NCO——异氰酸酯交联剂中异氰酸酯基团的含量，%。

9.2.6 催化剂用量

热固性粉末涂料的固化动力学受催化剂的种类和用量的影响很大，总的原则是降低固化温度，缩短固化时间，但另一方面必须防止涂料在挤出机中的早熟，以免黏度增加，导致流动性和流平性变差。

催化剂种类和用量的选择可以根据 Arrhenius 公式：

$$\ln K = \ln A - \frac{E_a}{RT}$$

图 9.4 所示为固化反应的 Arrhenius 曲线图。由图可知，对于同种催化剂，当用量低时（曲线 1），固化速度慢，固化时间长，可以增加固化剂浓度来提高其固化速度，降低固化时间（曲线 2），但这样可能导致涂料组分在挤出机中更多的预反应，增加黏度，影响涂料的流动性和涂膜外观。使用具有高活化能和大指前因子的催化剂，可以保证涂料在贮存温度下稳定而在固化温度下固化速度增加（曲线 3）。对于粉末涂料，为得到好的贮存稳定性、加工性和流变性，固化反应以速度控制的单分子反应为宜，可以通过使用潜催化剂或潜反应剂来实现，一个典型的潜反应剂的例子为封闭的异氰酸酯，使用潜催化剂的反应动力学如曲线 4 所示。

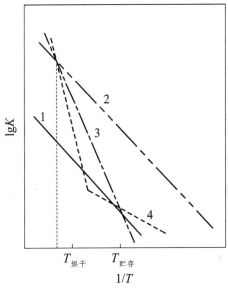

图 9.4 固化反应的 Arrehenius 曲线

1，2—相同催化剂不同浓度；3—活化能和指前因子较高；4—潜催化剂

9.2.7　颜料体积浓度和颜料分散

理想液体呈牛顿流变行为，表现为其黏度随剪切速率的变化呈常数，其剪切应力-剪切速率关系为通过原点的直线。但涂料，尤其是含颜料的涂料，必须达到某一最小的应力才开始流动，即呈非牛顿流动或塑性流动，其特征为剪切应力-剪切应变关系为不通过原点的直线，直线的斜率表示塑性黏度，与 y 轴的切线表示开始流动时所需的最小剪切应力。最小剪切应力又称屈服值（γ），是粉末涂料的典型特征。粉末涂料呈塑性流动的原因是颜料粒子之间相互作用，这种相互作用随颜料体积浓度（PVC）的增加而增大，伴随着屈服值和熔体黏度的增大，从而影响粉末涂料的流动性和流变性。

图 9.5 所示为不同粉末涂料的屈服值与 PVC 和温度的关系。通常，粉末涂料的 PVC 为 15%。由图可知，为得到好的流动性（即屈服值小于 3 Pa），环氧树脂的固化温度为 160 ℃，聚酯/环氧树脂固化温度为 180 ℃ 或更高，聚酯/TGIC 的固化温度最低为 200 ℃。

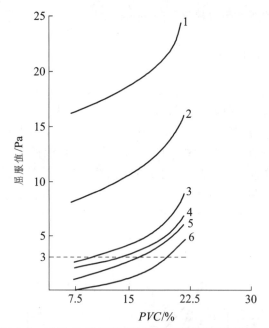

图 9.5　PVC 和烘干温度对粉末涂料屈服值的影响

1—聚酯/TGIC，180 ℃；2—聚酯/环氧树脂，160 ℃；3—聚酯/TGIC，200 ℃；4—环氧树脂，160 ℃；
5—聚酯/环氧树脂，180 ℃；6—环氧树脂，180 ℃

9.2.8　粉末涂料的粒径

很难想象含有粗粒子的粉末有好的流平性，高的粒子堆积密度有利于形成孔隙、针孔、橘皮和收缩程度更少的涂膜。例如，具有均匀粒径的球形粒子，当以立方堆积时，空隙率为48%，当以四面体或棱锥形结构堆积时，空隙率为26%。

一般小粒径粉末粒子有利于提高粒子聚结速率，因而有更多的时间使涂膜流动转成平滑的表面，为得到厚度为 25 μm 的流动性和光泽好的涂膜，粉末粒径不宜超过 50 μm。

9.3 粉末涂料的制备

9.3.1 原材料的预混合

粉末涂料用的树脂、颜料、填料、固化剂及添加剂在预混前必须准确称量，才能保证每批次预混料的同一性。树脂应无胶化粒子，填料、颜料不允许有大颗粒。

预混合工序是在混合机中完成的，使各组分在混合机中混合均匀，为进入挤出机熔融挤压、均匀分散创造必要的条件。

预混合是在干粉状态下进行的。混合机选型的要求是：

（1）各组分能均匀分散；

（2）混合后的物料温度不能太高，以防物料结块；

（3）混合时间短，能满足挤出机连续生产的要求；

（4）预混过程应在密闭状态下进行，应能防止粉尘逸出；

（5）便于清洁，以满足换色的需要。

高速混合机是一种广泛使用的设备，设备占地少，混合时间短，约 3~6 min，物料分散均匀性好，易于换色。

9.3.2 挤出机中的加工

熔融混合是粉末涂料生产的关键工序。粉末涂料用的原材料经预混合后进入挤出机，在挤出机里，树脂、固化剂等可熔组分被熔化，通过挤出机的挤压、搅拌作用，可熔组分与不可熔组分被均匀分散，增强了树脂对颜料、填料表面的浸润。

粉末涂料生产用挤出机与塑料挤出机是有区别的。粉末涂料用挤出机的机筒要能够分成 2 个半圆筒，使涂料在机筒内胶化时便于清洁；提高挤出机的螺杆转速，减少物料在挤出机中的停留时间；螺杆可通冷却水降温，控制螺杆温度，以防物料在螺杆上固化；改进螺杆和机筒结构，通过螺杆除尽进料；新的进料装置用耐磨合金材料，使在摩擦最大的熔化段仍可使用数千小时。在物料进入挤出机之前，还设有金属探测器，使不合格的金属粒子被选出，可防止产品被污染和对挤出机的损害。目前使用的挤出机主要有 2 种，一种是单螺杆的挤出机，另一种是双螺杆的挤出机。

从挤出机中挤出的物料温度一般在 110~140 ℃，物料在挤出机内停留时间约 30~200 s，随挤出机型号而定。物料通过挤出机后，黏度变化小，最好不发生化学反应。但是，高反应性的树脂系统，在挤出机内物料黏度会上升，甚至有支链的可能。为了评定粉末涂料的挤出稳定性，我们假定物料温度为 120 ℃，测定物料在 120 ℃ 时的初始黏度（η_0），在 120 ℃ 恒温 10 min 再测定黏度（η_1），求出 η_1/η_0 的值。当 $\eta_1/\eta_0 > 12$ 时，这种物料不适合于挤出；当 $\eta_1/\eta_0 < 4$ 时，物料具有良好的挤出性。

挤出的物料要迅速冷却，以防止物料部分胶化。在生产车间，是通过 2 个通冷却的压辊将物料压成厚 1~2 mm 的带，经传送带降温，使物料低于玻璃化温度。挤出物料有很强的黏附性,辊子必须光滑,以防物料黏附并缠在辊子上。当产量接近 $1\,t\cdot h^{-1}$ 时,物料容易缠绕在冷的辊子上,而难以正常生产。

9.3.3　粉　碎

粉碎是控制粉末粒度分布的重要环节,粒度分布对粉末的静电带电性、涂装时的沉积效率、粉末的流动性、涂料的熔融流动性、涂膜针孔的形成等都有影响。粉碎设备有多种,其中应用最多的是 ACM 磨。

粉末粒度理想的范围应在 15~40 μm,以使涂层薄层化,而目前的粉碎机没有如此严格的控制能力。但是,使用高效率的协调一致的分级技术,在粒度的选择上有相当的改进。

9.3.4　粉末的收集

从粉碎机里经空气流吹出来的粉末,可用旋风收尘器或编织物收尘器收集。旋风收尘器是常用的方法,花钱少,容易清洗,但粉末回收率为 95%~98%,其余的粉末粒子很小,可用编织物过滤或作废料处理;单用编织物过滤几乎有 100%的回收率,用机械振动或反吹风的办法可连续回收粉末。虽然编织物过滤比旋风收尘器效果好,但编织物很难清洁,每次生产后都需要洗涤,费时很多。

9.3.5　过　筛

多数粉末涂料生产厂,在粉碎后都需要过筛,以保证不存在超粒度的粉末,筛孔一般在 105~125 μm。

9.4　热塑性粉末涂料

热塑性粉末涂料制造过程和应用方法相对较简单,不涉及复杂的固化机理,原材料易得,且性能满足许多应用要求,因而具有一定的市场。尤其是某些热塑性粉末涂料具有某些不同凡响的性能,如聚烯烃粉末涂料具有优良的耐溶剂性,聚偏氟乙烯粉末涂料具有极好的耐候性,聚酰胺粉末涂料具有优良的耐磨性,聚氯乙烯粉末涂料具有相对好的性价比,聚酯粉末涂料具有好的外观。但热塑性粉末涂料也有一些缺点,如高熔融温度、低颜料用量、耐溶剂性一般较差、与金属表面黏结性差,因而需要使用底漆。

热塑性粉末涂料可用流化床涂覆,膜厚 130~300 μm,也可用静电喷涂,膜厚 80~130 μm。涂膜较厚的原因是树脂的相对分子质量大,粉碎加工困难,粉末粒度粗等。

9.4.1 聚乙烯基类粉末涂料

聚乙烯基类粉末涂料是指主要以聚氯乙烯和聚偏氟乙烯为基料的粉末涂料。

9.4.1.1 聚氯乙烯粉末涂料

聚氯乙烯性脆、无柔性，不能直接用作粉末涂料，必须加入高沸点的物质作为增塑剂，如邻苯二甲酸、磷酸、脂肪二元酸等的酯类或具有较低玻璃化温度的低聚物等，用以改善聚氯乙烯的柔软性和耐冲击性，但同时降低了材料的拉伸强度、模量和硬度。聚氯乙烯的另一个显著缺点是加工过程中，当温度高于 140 ℃ 时，聚合物开始受到破坏，放出氯化氢，生成双键和体型结构。为了避免以上现象，必须加入热稳定剂。聚氯乙烯粉末涂料配方举例如表 9.1。

表 9.1 聚氯乙烯粉末涂料配方举例

组 分	质量/kg	组 分	质量/kg
聚氯乙烯树脂(QYNJ)	100.3	热稳定剂	6.0
聚氯乙烯树脂(QYJV)	9.3	润滑剂	2.0
增塑剂 EP-8	6.0	TiO_2（金红石型）	20.0
增塑剂 10-10	36.0		

聚氯乙烯粉末涂料中常常还需加入润滑剂以改善加工流变性和产品的性能。润滑剂分为内润滑和外润滑 2 种。内润滑剂与聚氯乙烯相容，降低熔融物的黏度，改善流动性，降低了在加工设备中的摩擦系数。可做内润滑剂的物质有长链脂肪酸、硬脂酸钙、长链烷基胺等。外润滑剂与聚氯乙烯不相容，仅仅作为聚氯乙烯表面的润滑层与加工设备的金属表面接触。可做外润滑剂的化合物有脂肪酸酯、高相对分子质量醇、合成蜡和低相对分子质量聚乙烯等。

聚氯乙烯粉末涂料耐水、耐酸和耐大多数常用的溶剂，并有优良的耐冲击性、耐盐雾性、耐黏食品性、耐挠曲性和好的双电子强度及外观，加上价格低廉，其应用较广。利用流化床涂敷，膜厚为 200 ~ 400 μm，广泛用作线缆涂层。聚氯乙烯粉末涂料可用于冰箱架、冷藏柜、洗碟机架以及其他家电产品和金属家具。但聚氯乙烯粉末涂料与金属的附着力欠佳，需要使用配套底漆来提高附着力。聚氯乙烯粉末涂料好的电子强度使其可用于涂敷各种手柄、汽车安全带结合层、汇流条和工具等。

9.4.1.2 聚偏氯乙烯粉末涂料

聚偏氟乙烯粉末涂料作为聚乙烯基类粉末涂料的一种，由于含有极性小且键能很高（477 J/mol）的 F—C 键这种特殊结构，其具备以下多方面优异的性能：最高户外耐降解性，很好的耐磨性，优良的耐化学药品性，低的表面摩擦系数和液体吸收性，不溶于常用的溶剂，极好的耐候性，熔点较高（158～197 ℃），可在较宽的温度范围内（–40～150 ℃）长久使用。然而，聚偏氟乙烯也存在熔融流动性、黏结性和外观不佳的缺陷。为了改善聚偏氟乙烯的这些缺陷，通常需加入丙烯酸类树脂混合，丙烯酸类树脂的用量要适宜，用量太高将降低涂料的耐候性。与大多数热塑性粉末涂料一样，聚偏氟乙烯与金属的黏结性不好，需要使用环氧树脂或聚氨酯作为底漆。聚偏氟乙烯粉末涂料主要用于纪念碑类结构建筑涂料，此外，还可用作屋顶建筑板涂层、墙壁涂层和铝材涂层等。

9.4.2　聚烯烃粉末涂料

聚烯烃粉末涂料主要指聚乙烯和等规聚丙烯粉末涂料。聚乙烯按合成方法，可分为高压、中压和低压 3 种；按密度也可分为低密度、中密度和高密度 3 种。这 3 种聚乙烯均可用作粉末涂料，一般相对分子质量为$(5～10)\times10^4$，熔点 120～130 ℃。其中，高密度聚乙烯适用于工业用粉末涂料，低密度聚乙烯适用于民用粉末涂料。表 9.2 为低密度聚乙烯粉末涂料实例，该配方获得的粉末涂料表面密度为 0.35～0.45 g·cm^{-3}，熔融指数为 26～50 g·(10 min)$^{-1}$；漆膜的柔韧性好，附着力等级为 1 级。

表 9.2　低密度聚乙烯粉末涂料

材料	质量分数/%	产地
LDPE	94	北方燕山石化公司 1 ISOA
UV-531	0.5	意大利
TA-168	0.7	宁海金海化工有限公司
钛白粉（金红石型）	1	市售
色母料	3	昆明昆沙斯色母公司
油酸酰胺	0.8	上海塑料助剂厂

聚丙烯一般比聚乙烯更脆，耐冲击性能差，可加入其他烯类单体共聚，如工业上聚丙烯常含一定量的乙烯作为共聚单体，以改善柔软性、韧性、耐冲击性和清澈性。聚丙烯的熔化温度为 165～170 ℃，若采用流化床涂敷，工件预热温度为 220～250 ℃。

聚烯烃粉末涂料与金属表面的黏结性差，对于聚乙烯粉末涂料，通常需要使用底漆来增加与基材的黏结性；对于聚丙烯粉末涂料，通常加入黏结促进剂来改善与基材的黏结性。

聚烯烃粉末涂料耐各种苛刻的环境。在室温下对工业上所有的溶剂均有耐溶剂性，但升高温度时非极性溶剂如汽油、芳烃类可以溶胀甚至溶解涂料。聚烯烃粉末涂料具有优异的耐水、耐盐溶液、耐洗涤剂以及耐酸碱性，只有强氧化剂如硝酸可在室温下进攻涂料。因此，聚烯烃粉末涂料比较适于用作化工设备、贮槽、管道、容器的耐腐蚀涂料。此外，聚烯烃粉末涂料无毒无味，可用于涂覆食品接触盖表面，并成功地用于洗碟机架、冰箱架和洗衣机管。其他用途还包括用作家电零部件、金属容器、转鼓、管道、电子元件和工业设备部件等的功能性涂料。因聚烯烃粉末涂料外观美感欠佳，所以一般不用作装饰涂层。

9.4.3 聚酰胺粉末涂料

聚酰胺即尼龙，市售的尼龙 11、尼龙 1010 粉状树脂常用作粉末涂料，尼龙 11 的熔化温度在 186 ℃ 左右，尼龙 1010 的熔化温度为 200~210 ℃，是白色或微黄色粉末。聚酰胺粉末涂料通常具有很高的韧性，即使在低温下也有很好的抗冲击性；其具有低摩擦系数和极好的耐磨性，可以作为优良的界面涂料以降低金属之间的摩擦或噪声；还具有好的绝热性；并且这些性质大多数在很宽的工作温度范围内不受影响。此外，聚酰胺粉末涂料耐有机酸性优良，耐无机盐和耐碱性也相当好，但耐无机酸性不好。

同大多数热塑性粉末涂料一样，使用聚酰胺粉末涂料之前需要使用底漆以改善与基材的黏结性，也可以在聚酰胺粉末涂料中加入少量活性树脂来达到这一目的。例如，在聚酰胺粉末涂料配方中加入少量反应性树脂如环氧树脂和聚乙烯醇缩醛类，在熔融共混过程中，环氧基团并不与聚酰胺的酰胺基团上的氢键反应，因此，并不影响机械性能，但确实能改善黏结性。所用环氧树脂环氧当量值为 200~2 000，用量为 5%~15%（占聚酰胺树脂的质量分数）；聚乙烯醇缩醛类，用量为 1%~10%。配方举例如表 9.3 所示。

表 9.3　聚酰胺粉末涂料配方举例

组　分	质量/kg	组　分	质量/kg
尼龙-11	100	碳酸钙	20
环氧树脂	7	TiO_2	8
聚乙烯醇丁醛	3		

聚酰胺粉末涂料无毒、无味，不受霉菌进攻，不利于细菌生长，因此可用于涂装设备部件和食品加工管道的涂层。例如，尼龙-11 粉末涂料已在所有工业化国家用作饮用水和食品管道涂层。聚酰胺的低摩擦系数、优良的耐磨性和低的沾污性使得聚酰胺粉末涂料可用作车轮、摩托车架、行李吊运车、金属家具、安全装置、运动设备、农机等的涂层。聚酰胺粉末涂料具有极好的耐溶剂性和耐洗涤剂以及耐弱碱性，因此，也可用作阀杆阀座、水泵、脱脂篮和盘、民用洗衣机水泵和大型管道的涂层。聚酰胺粉末涂料由于热传导低，还可以作为各种类型把手和柄的涂层。

9.5　热固性粉末涂料

热固性粉末涂料由热固性树脂、固化剂、颜料、填料和助剂等组成。热固性粉末涂料的熔融黏度低，流平性好，树脂软化点较低，粉碎性和分散性较好。树脂与固化剂交联后形成大分子网状结构，可以形成不溶不熔的坚韧的漆膜。因此，热固性粉末涂料的耐腐蚀性及黏结性比热塑性粉末涂料好，逐渐成为粉末涂料发展的主流。虽然热固性粉末涂料有众多优点，但是它不能在常温下交联固化，必须经高温烘烤才能固化成膜，这在很大程度上限制了其应用范围。

9.5.1 环氧树脂粉末涂料

环氧粉末涂料用的环氧树脂，主要是由环氧氯丙烷和双酚 A 缩聚而成的聚合物，环氧当量在 500～1 000 之间。环氧当量与树脂软化点有关，环氧当量低于 500 时，软化点在 70 ℃以下，生产的粉末涂料在常温下有结团倾向；环氧当量大于 1 000 时，软化点在 100 ℃以上，粉末涂料的熔融流动性差。环氧当量为 700～950 的环氧树脂比较适合作为粉末涂料。常用作环氧树脂粉末涂料的固化剂有固态脂肪胺、固态芳香胺和它们的树脂加成物、固态酸酐和它们的树脂加成物、固态酚醛树脂、多元有机酸和含酸官能团的聚酯等。

环氧粉末涂料具有很多优良的性能：附着力强，特别是对金属；漆膜机械性能好，硬度高，耐划伤，耐腐蚀；涂料熔融黏度低，流平性好，涂膜基本无针孔和缩孔等缺陷；涂料花色品种多，可配制无光、有光、花纹、锤纹等；一次涂装其涂膜厚度可达 50～300 μm，对于未涂覆的粉末，可回收再利用，因此其应用前景广阔。环氧粉末涂料并不适合耐热性较差的底材，因为其烘烤固化温度较高，达 140 ℃，可用于电器开关柜、电子仪器仪表、金属硅箱等装饰性保护，电动机转子或铜排的电绝缘防护，厨房用具、汽车零部件、船舶、建筑材料、地下设施等的防腐蚀与防锈。

双氰胺（DICY）是典型的固态脂肪胺，熔点达 205～211 ℃，与环氧树脂粉末涂料熔融挤出时不熔，难与环氧树脂进行分子级的混合。为此，工业 DICY 通常为粒径小于 75 μm 的微细粉末，以达到均匀分散。固化历程可表示如下：

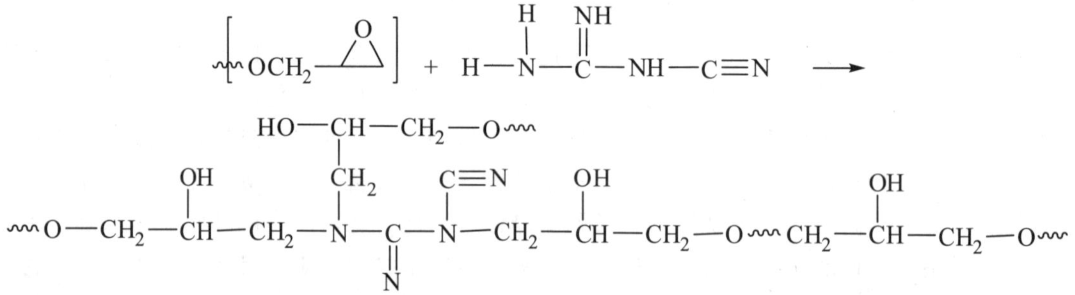

为改善 DICY 与环氧树脂的相容性，降低它的熔点，多采用双氰胺的衍生物，如下所示：

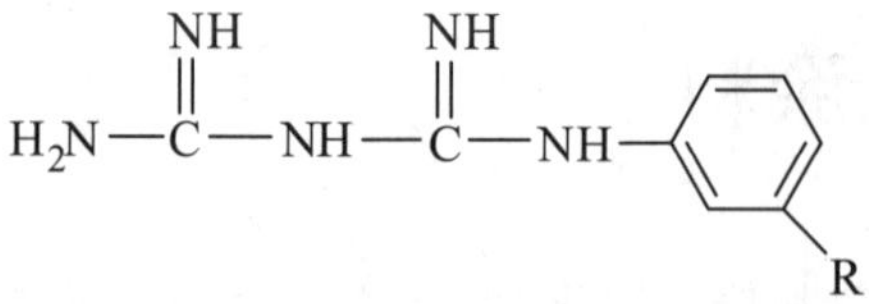

用纯 DICY 做环氧树脂粉末涂料的固化剂时，即使在高温下其固化速度仍然相当低，如 185 ℃下固化时间为 30 min，200 ℃下固化时间为 20 min。为提高环氧树脂/DICY 体系固化速度，通常加入催化剂如三氟化硼/胺复合物、咪唑啉衍生物、三级胺化合物和四级铵盐等。典型的环氧树脂/DICY 粉末涂料配方举例如表 9.4 所示。

表 9.4　环氧树脂/DICY 粉末涂料配方举例

组　分	投料比/%（质量）		组　分	投料比/%（质量）	
	A	B		A	B
双酚 A 环氧树脂 663	47.4	47.4	金红石型 TiO$_2$	40.0	40.0
含 5%流动助剂的双酚 A	10.0	10.0	总计	100.0	100.0
含催化剂的 DICY	1.3	2.6	固化时间（180 ℃）/min	12～15	10～12
DICY	1.3				

　　环氧树脂/DICY 具有优良的耐化学药品性和耐溶剂性，用 DICY 的衍生物做固化剂，还可大大改进其耐水性。这种粉末涂料还具有优良的耐冲击性、耐磨性和耐刮伤性，以及优良的黏结性，不需要任何底漆。但其耐 UV 光性能差且易变黄。因此，主要用于如地下管道的防腐蚀涂层等室内功能性涂料和装饰涂料。

　　以酚醛树脂做固化剂的环氧树脂粉末涂料具有高的交联密度，良好的耐化学药品性、耐溶剂和耐沸水性，好的黏结性、装饰性和机械性能，高光泽，优良的耐刮伤、耐石击和耐冲击性能，但仍有变黄的倾向。其配方举例如表 9.5。

表 9.5　环氧树脂粉末涂料配方举例

组　分[①]	投料比/%（质量）			组　分	投料比/%（质量）		
	A	B	C		A	B	C
环氧树脂 663U[②]	39.0			金红石型 TiO$_2$	50.0		
环氧树脂 642U[②]		70.0	53.0	颜填料			25.0
固态酚醛树脂 80[②]		30.0		总计	100.0	100.0	100.0
固态酚醛树脂 81[②]	11.0			固化时间/min·℃$^{-1}$	6～8/180	8～10/180	1/230
固态酚醛树脂 82[②]			22.0				

　　注：① A 和 B 配方作标准装饰用；C 作管道功能涂层。
　　　　② 为 DOW 化学公司商用品牌。

　　环氧树脂/酚醛树脂粉末涂料，可以用于家电、线缆、自行车架、热水散热器罐、灭火器、玩具、工具、电子元件、控制盘、保险盒、汽车电枢等。

9.5.2　热固性聚酯粉末涂料

　　热固性聚酯粉末涂料主要分为以下三类：

1）聚酯/环氧树脂粉末涂料

　　环氧树脂主要指双酚 A 环氧树脂，大多数情况下其官能度为 2，而聚酯树脂的官能度则大于 2。环氧树脂用量可按以下公式算出：

$$EC = \frac{R \times AV \times EEW}{56\ 100}$$

式中 EC——环氧交联剂用量，g；

R——聚酯树脂用量，g；

AV——聚酯树脂的酸值，mg KOH·g^{-1}；

EEW——环氧树脂的环氧当量值，g。

环氧树脂的环氧基团与聚酯的羧酸基团反应速度相当慢，通常需加入催化剂如叔胺、铵盐、硬脂酸镁、咪唑衍生物等来降低固化温度、缩短固化时间。但固化温度降低后，由于树脂黏度高，涂膜平整性变差。并且催化剂选择和用量不当，涂膜在盐雾试验时还容易起泡。这类粉末涂料的典型配方表9.6。

表 9.6   聚酯/环氧树脂粉末涂料配方举例

组分	50/50	60/40	70/30	80/20
聚酯（$AV = 70 \sim 85$）	330			
聚酯（$AV = 45 \sim 55$）		360		
聚酯（$AV = 30 \sim 40$）			700	
聚酯（$AV = 18 \sim 22$）				800
环氧树脂（$EEW = 715 \sim 813$）	330	240	300	200
金红石型 TiO_2	330	300	500	500
安息香	7		7	7
流平剂	7	6	10	10
胆碱盐酸盐		3		
固化时间/min·℃$^{-1}$	15/180	15/180	15/180	15/180
	10/200	10/200	10/200	10/200

聚酯/环氧树脂粉末涂料主要用作家用电器如冰箱、冷藏柜、洗衣机、电饭煲等，以及金属家具、汽车部件、工业设备和机器、电子及工程部件等室内用粉末涂料。

2）聚酯/异氰尿酸三缩水甘油酯（TGIC）粉末涂料

TGIC 是低相对分子质量固态化合物，可以大大降低涂料的玻璃化转变温度，一般的规则是每 1%（质量分数）的 TGIC 可降低 T_g 约 2 ℃。TGIC 的用量取决于聚酯树脂的酸值，可用下列方程式计算：

$$TGIC = \frac{R \times AV \times 107}{56\ 100}$$

式中 $TGIC$——TGIC 用量，g；

R——聚酯树脂用量，g；

AV——聚酯树脂的酸值，mg KOH·g^{-1}。

这里的聚酯仍是羧酸型，但与聚酯/环氧树脂粉末涂料用聚酯树脂有很大的差别。理想的 TGIC 有 3 个环氧基团，要求聚酯分子的平均羧基官能度要低一些，控制在 2 ~ 3.5 之间，树脂酸值在 20 ~ 40 mg KOH·g^{-1} 之间，羟值低于 15 mg KOH·g^{-1}，较好的羟值是 5 mg KOH·g^{-1}，适宜的 T_g 控制在 50 ~ 70 ℃，固化时间为 10 min（200 ℃）。典型的聚酯/TGIC 粉末涂料配方如表 9.7。

表 9.7　聚酯/TGIC 粉末涂料配方举例

组分	90/10	93/7	96/4
聚酯（$AV = 48 \sim 55$）	900		
聚酯（$AV = 33 \sim 38$）		558	
聚酯（$AV = 19 \sim 23$）			576
TGIC	100	42	24
金红石型 TiO$_2$	500	300	300
流变剂	15	9	9
安息香		4	
催化剂		18	
固化时间/min·℃$^{-1}$	15/180	15/160	15/180
	10/200		10/200

聚酯/TGIC 粉末涂料主要用于保护户外建筑材料、户外金属家具、汽车密封件、护板、保险杠、窗架、挡风擦具、自行车架、摩托车架等的涂层。

3）聚酯/异氰酸酯或聚氨酯粉末涂料

这里的聚酯主要指羟基树脂，与异氰酸酯反应后形成聚氨基甲酸酯，用下式表示：

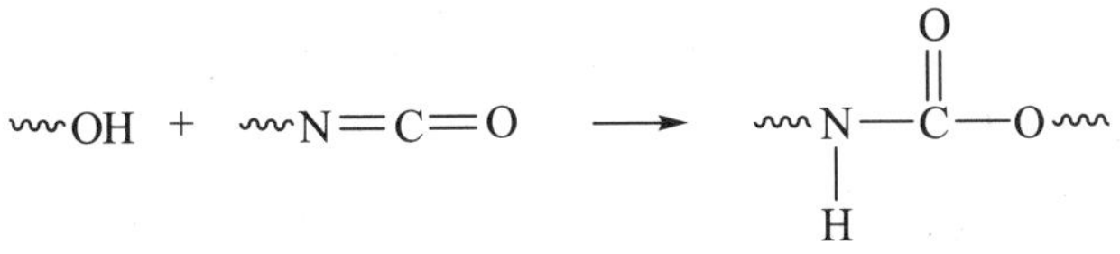

这种涂料也称聚氨酯粉末涂料。由于异氰酸酯与羟基很易反应，为保护粉末涂料在加工和存放期内的稳定性，需用封闭剂先把异氰酸酯基保护起来，在烘烤时，释放出封闭剂，游离出的异氰酸酯基与羟基反应，交联固化成膜。

在粉末涂料中，应用较多的是异佛尔酮二异氰酸酯（IPDI），用己内酰胺做封闭剂，制成预聚体使用。IPDI 衍生物如所有的脂肪族或脂环族异氰酸酯，反应速度慢，需加适当的催化剂如叔胺、金属催化剂以及有机锡化合物如二月桂酸二丁基锡酯、二丁基氧化锡和辛酸亚锡等。其粉末涂料的配方如表 9.8。

表 9.8　聚酯/异氰酸酯粉末涂料配方举例

组分	投料比/%（质量）		
	A	B	C
羟基聚酯 2115①	53.0		
羟基聚酯 2504①		52.6	52.6
IPDI-B 1530②	13.2	13.2	
IPDI-BF 1540③			13.2
金红石型 TiO₂	33.1	32.9	32.9
辛酸锡		0.65	0.65
流平剂	0.7	0.65	0.65
固化时间/min·℃⁻¹	15/200	8/200	8/200
	20/200	13/190	13/190

注：① BSM 树脂。
　　② 己内酰胺封端的 IPDI。
　　③ IPDI 的三聚体脲二酮衍生物。

这种粉末涂料主要用于户外金属家具、农机设备、挤出铝材、铝钢轮子、转换器等的涂层。

9.5.3　丙烯酸树脂粉末涂料

丙烯酸涂料作为粉末涂料性能一般，其最大优点是耐候性很好、涂膜光亮、丰满、硬度高，可配制白色及鲜艳的浅色或深色涂料；其缺点是其熔体黏度比较高，颜料分散性差，涂层耐冲击性能较差。

所用的丙烯酸树脂主要有羟基型丙烯酸树脂、羧酸型丙烯酸树脂和含环氧基的丙烯酸树脂 3 种类型，现分别介绍如下：

1）羟基型丙烯酸树脂

在单体中大多含有丙烯酸羟乙酯、丙烯酸羟丙酯、甲基丙烯酸羟乙酯、甲基丙烯酸羟丙酯。

2）羧酸型丙烯酸树脂

在单体中都加入丙烯酸或甲基丙烯酸单体。

3）含环氧基的丙烯酸树脂

在单体中都含有丙烯酸缩水甘油酯或甲基丙烯酸缩水甘油酯。

丙烯酸树脂的固化方式随树脂含官能团的不同而异。羟基型的丙烯酸树脂，可用己内酰胺封闭的异氰酸酯固化，固化温度较高，释放出的己内酰胺污染空气；羧酸型丙烯酸树脂可用含环氧基团的树脂固化，如 TGIC 或双酚 A 环氧树脂，固化过程中不产生副产物；环氧型丙烯酸树脂，可用二元酸，如癸二酸、十二烷二酸等固化，固化时挥发物少、涂膜外观好、耐候性优、柔韧性好，但在存放稳定性及颜料分散性方面还有待改进。

几种丙烯酸粉末涂料的配方举例如表 9.9、表 9.10。

表 9.9　丙烯酸粉末涂料配方举例

组　分	质量分数/%	组　分	质量分数/%
丙烯酸树脂	100	流平剂	0.5
癸二酸	17.5	钛白	30

表 9.10　丙烯酸/聚酯粉末涂料配方举例

组　分	质量分数/%	组　分	质量分数/%
丙烯酸/聚酯树脂	97	三聚磷酸铝	3
十二烷基十二酸	4	钛白	40
安息香	0.5	流平剂	0.5

10 水性涂料

凡是用水做溶剂或者分散介质的涂料，都可称为水性涂料。

水性涂料是涂料市场上一种比较新型的涂料，水性涂料相对于溶剂性油漆涂料具有很多优良的特性。水性涂料以水作为溶剂，节省大量资源；消除了施工时火灾危险性；降低了对大气的污染；仅采用少量低毒性醇醚类有机溶剂，改善了作业环境条件；在湿表面和潮湿环境中可以直接涂覆施工；对材质表面适应性好，涂层附着力强；涂装工具可用水清洗，大大减少清洗溶剂的消耗；电泳涂膜均匀、平整、展平性好；电泳涂膜有最好的耐腐蚀性，厚膜阴极电泳涂层的耐盐雾性最高可达 1 200 h。鉴于环保要求及以上众多优点，水性涂料备受人们的青睐。但是由于水性涂料存在耐水性差；对施工对象及环境清洁度或温度、湿度要求高；对抗强机械作用力的分散稳定性差；对涂装设备腐蚀性大，设备造价高；水的蒸发潜热大，烘烤能量消耗大；沸点高的有机助溶剂等在烘烤时产生很多油烟，凝结后滴于涂膜表面影响外观等问题，限制了其应用范围。

10.1 水稀释性树脂及其涂料配方设计

常用的水稀释型树脂有环氧树脂、聚氨酯树脂、醇酸树脂、聚酯树脂、丙烯酸树脂等，其中前四类缩聚高分子树脂的水稀释体系和其水分散体系的制备方法相似，而丙烯酸树脂水分散体系一般是通过乳液聚合反应来制备。

10.1.1 水性环氧树脂及其涂料配方

水性环氧树脂可分为阴离子型树脂和阳离子型树脂，阴离子型树脂用于阳极电沉积涂料，阳离子型树脂用于阴极电沉积涂料。

10.1.1.1 阴离子型水性环氧树脂

制备阴离子型水性环氧树脂，常用的一个方法是选用羟基含量较高的环氧树脂作为骨架结构材料，用不饱和脂肪酸进行酯化制成环氧酯；再以不饱和的二元羧酸（酐）与环氧酯的脂肪酸上的双键进行自由基引发加成反应，以引进羧基；然后以碱中和，加水稀释后得到水稀释型树脂。可由下列反应式表示：

$$\text{CH}_2\text{—CH—CH}_2\text{—O—}\underset{\text{CH}_3}{\overset{\text{CH}_3}{\text{C}}}\text{—O—CH}_2\text{—CH—CH}_2]_n \quad +$$

$$\text{R'HC}=\text{CH(CH}_2)_n\text{—CH}=\text{CHRCOOH} \xrightarrow[\triangle]{\text{酯化}}$$

含羧酸盐或羧酸的环氧树脂

$$\xrightarrow{\text{碱中和}}$$

这种树脂与六甲氧基三聚氰胺配合，提供充分的交联密度。

10.1.1.2　阳离子型水性环氧树脂

制备阳离子水稀释型环氧树脂时，可用环氧树脂先与异氰酸酯预聚物或丙烯酸聚合物反应，得到含有羟基、羧基和氨（胺）基的树脂。当用封闭的多异氰酸酯做交联固化剂时，胺-酸盐聚合物的混合物可用作阴极电沉积涂料的基料。在漆膜固化时，异氰酸酯官能团脱封，与环氧树脂加成物游离的氨基反应，形成交联固化漆膜。

溶于水的环氧树脂铵盐聚合物形成环氧铵离子的过程可用下式表示：

$$CH_2-CH-A-CH-CH_2 + 2\overline{X}NHR_3 \longrightarrow R_3\overset{+}{N}-H_2C\underset{OH}{CH}-A-\underset{OH}{CH}-CH_2-\overset{+}{N}R_3 + 2X^-$$

A——有机聚合物骨架，由它组成的环氧树脂可先与异氰酸酯或丙烯酸预聚物反应；B——烷基或芳基；X——乳酸或醋酸阴离子。

制备阳离子树脂时，也可先制成环氧-胺加成物。将环氧树脂先与部分仲胺加成，接着与部分伯胺加成，最后再加入仲胺，便可得到环氧-胺加成物，用乳酸或醋酸中和。在这种阳离子型水性树脂中加入 $C_9H_{19}COOCH_2-CH-CH_2$（含环氧基O），可以改进流动性和耐化学药品性。值得注意的是，三聚氰胺或酚醛树脂都不能使环氧-胺加成物充分交联固化，只有加入对氨基苯甲酸后，才有好的交联固化性能。

水性环氧树脂的主要特点是防腐性能优异，除用于汽车涂装外，还用于医疗器械、电器和轻工业产品等领域。用于防腐底漆的水性环氧树脂涂料的配方实例如表 10.1 所示：

表 10.1　水性环氧树脂涂料配方举例

组　分	投料比/%（质量）	组　分	投料比/%（质量）
TiO$_2$	8.26	环烷酸锌（8%）	0.30
灯黑炭	0.24	三乙胺	1.75
硅酸铝	6.71	环烷酸钴（6%）	0.16
碳酸钙	6.71	环烷酸镁（6%）	0.10
碱性铬酸铅	3.60	环烷酸铅（24%）	0.41
水性环氧树脂溶液	37.34	水	34.42

主要性能：灰色水性防腐底漆有极好的抗盐雾性，对未处理的金属有极好的防腐黏结性能。

10.1.2　水性聚氨酯树脂及其涂料配方

用来制备聚氨酯水稀释体系和水分散体系的方法很多，其共同之处是第一步以适当的二元或多元醇与过量的二元或多异氰酸酯反应，并引入少量的亲水基团制得端基为—NCO 的中等相对分子质量的低聚物；第二步为链延长反应，增大相对分子质量。

10.1.2.1　丙酮过程

该法以有机溶剂（通常为丙酮）为反应介质制备端基为—NCO 的低聚物，然后以磺酸盐基团取代的二胺为扩链剂得到高相对分子质量树脂的丙酮溶液。以水稀释丙酮溶液直至水成为连续相，最后蒸馏除去丙酮，得到聚氨酯乳液。反应过程如下：

$$n\,HO\text{\textasciitilde}OH \quad + \quad 2n\,OCN\text{—}R\text{—}NCO$$

$$\downarrow$$

$$\overset{O}{\underset{\|}{OCN\text{—}R\text{—}NHC}}\text{O}\text{\textasciitilde}\overset{O}{\underset{\|}{OCNH}}\text{—}R\text{—}NCO$$

↓ 溶剂
$H_2NCH_2CH_2NHCH_2CH_2SO_3^-Na^+$

$$\text{\textasciitilde}\overset{O}{\underset{\|}{OCNH}}\text{—}R\text{—}\overset{O}{\underset{\|}{NHCNHCH_2CH_2}}\underset{\underset{\displaystyle CH_2CH_2SO_3^-Na^+}{|}}{N}\overset{O}{\underset{\|}{CNH}}\text{—}R\text{—}\overset{O}{\underset{\|}{NHCO}}\text{\textasciitilde}\overset{O}{\underset{\|}{OCNH}}\text{—}R\text{—}\overset{O}{\underset{\|}{NHCO}}\text{\textasciitilde}$$

↓ 水

聚氨酯的水 / 溶剂分散体系

↓ 去溶剂

聚氨酯的水分散体系

使用处理过的不含二异氰酸酯单体的端基为—NCO 的低聚物，分散体系的平均粒径更小，分布更窄。该法主要适用于线性聚氨酯水分散体系的制备。

10.1.2.2 熔融分散过程

该法是以含离子基团的端基为—NCO 的低聚物与过量的脲反应生成端基为缩二脲的低聚物，该低聚物不再含任何活泼的—NCO，很容易分散在水中而不需要任何有机溶剂，反应温度在 130 ℃以上，分散温度约为 100 ℃。在降低 pH 或加热的条件下通过缩二脲基团与甲醛的反应完成链增长阶段。反应过程如下：

$$OCN\text{—}R\text{—}\overset{O}{\underset{\|}{NHC}}\text{O}\text{\textasciitilde}\overset{O}{\underset{\|}{OCNH}}\text{—}R\text{—}\overset{O}{\underset{\|}{NHCOCH_2CH_2}}\underset{\underset{\displaystyle SO_3^-Na^+}{|}}{CH}CH_2\overset{O}{\underset{\|}{OCNH}}\text{—}R\text{—}NCO$$

$$\downarrow\ \overset{O}{\underset{\|}{H_2NCNH_2}}$$

$$\overset{O\ O}{\underset{\|\ \|}{H_2NCNHCNH}}\text{—}R\text{—}\overset{O}{\underset{\|}{NHC}}\text{O}\text{\textasciitilde}\overset{O}{\underset{\|}{OCNH}}\text{—}R\text{—}\overset{O}{\underset{\|}{NHCOCH_2CH_2}}\underset{\underset{\displaystyle SO_3^-Na^+}{|}}{CH}CH_2\overset{O}{\underset{\|}{OCNH}}\text{—}R\text{—}\overset{O\ O}{\underset{\|\ \|}{NHCNHCNH_2}}$$

↓ 水
　甲醛

$$\text{\textasciitilde}\overset{O}{\underset{\|}{OCNH}}\text{—}R\text{—}\overset{O\ O}{\underset{\|\ \|}{NHCNHCNH}}\text{—}CH_2\text{—}\overset{O\ O}{\underset{\|\ \|}{NHCNHCNH}}\text{—}R\text{—}\overset{O}{\underset{\|}{NHCO}}\text{\textasciitilde}$$

聚氨酯水分散体系

熔融分散过程用于制备分子链上含有一定支链的聚氨酯水分散体系。

10.1.2.3　预聚物混合过程

为避免使用大量的有机溶剂而扩链反应仍用多元胺化合物，预聚物中的—NCO 必须能在以水为介质下与多元胺反应。

脂环族二异氰酸酯与水的反应活性低，与二元醇和内乳化剂反应，生成水分散型预聚物，加入二元胺进行扩链反应。反应过程如下：

$$2n\text{HO}\frown\text{OH} + n\text{HOCH}_2-\overset{\overset{\displaystyle CH_3}{|}}{\underset{\underset{\displaystyle COOH}{|}}{C}}-\text{CH}_2\text{OH} + 4n\text{OCN}-\text{R}-\text{NCO}$$

$$\downarrow$$

OCN—R—NHCO~OCNH—R—NHCOCH₂—C—CH₂OCNH—R—NHCO~OCNH—R—NCO（CH₃，COOH）

$$\downarrow \text{NR}_3$$

OCN—R—NHCO~OCNH—R—NHCOCH₂—C—CH₂OCNH—R—NHCO~OCNH—R—NCO（CH₃，COO⁻ HNR₃⁺）

$$\downarrow \begin{array}{l}1)\text{水}\\2)\text{H}_2\text{NR'NH}_2\end{array}$$

~~OCNH—R—NHCOCH₂—C—CH₂OCNH—R—NHCNH—R'—NHCNH—R—NHCO~（CH₃，COO⁻ HNR₃⁺）

聚氨酯水分散体系

制备的关键是分散步骤必须能在低于—NCO 与水开始反应的温度下短时间内完成。该法的优点是扩链反应在水相中进行，因此预聚物可以和二元胺反应生成线型的柔性聚氨酯-脲，也可以和多元胺反应生成交联聚合物；但该法得到的水分散型聚氨酯的弹性比丙酮法的差。

10.1.2.4　酮亚胺（和酮连氮）过程

该法是在加水之前，将预聚物与封闭的胺或封闭的肼混合，使链增长反应在分散的预聚物粒子内均匀地进行。常用的扩链剂为多元酮亚胺或酮连氮类化合物。此法的反应过程下：

$$OCN-R-NHCO \sim OCNH-R-NHCOCH_2-\underset{\underset{COO^-HNR_3^+}{|}}{\overset{CH_3}{\underset{|}{C}}}-CH_2OCNH-R-NCO \sim +$$

酮亚胺类/酮连氮类化合物

$$\downarrow 水 \quad \begin{array}{c} \overset{R'}{\underset{R''}{C}}=N-R''-N=\overset{R'}{\underset{R'}{C}} \\ 2\overset{R'}{\underset{R''}{C}}=O + H_2N-R''-NH_2 \end{array}$$

$$\sim OCNH-R-NHCNH-R''-NHCNH-R-NHCOCH_2-\underset{\underset{COO^-HNR_3^+}{|}}{\overset{CH_3}{\underset{|}{C}}}-CH_2OCNH-R-NHCO \sim$$

聚氨酯水分散体系

这种方法制得的聚氨酯水分散体系性能较好,接近丙酮法制得的水分散体系。

无论哪一种制备过程得到的聚氨酯水分散体系,其漆膜的耐水性和耐溶剂性都较差,使用性能要经过改性才比较好。常用的改性方法有接枝法、外加交联剂法、预交联法等。

聚氨酯类水分散体系可以代替大部分溶剂性聚氨酯体系,用作皮革涂料、纺织涂料、纸张和纸板涂料、地板涂料、塑料涂料、汽车涂料等。

水分散型聚氨酯磁漆配方举例如表 10.2 所示:

表 10.2 水分散型聚氨酯磁漆配方举例

组　分	投料比/%（质量）	组　分	投料比/%（质量）
脂肪族聚氨酯水分散体系（33%）	78.07	阴离子表面活性剂	0.03
		非离子表面活性剂	0.10
去离子水	2.98	消泡剂	0.21
二甘醇-乙醚	2.95	颜料分散剂	5.18

光泽度：54/20°、87/60°；*PVC*：9.66%；黏度：60 s（加氏管）。

水稀释型聚氨酯涂料配方举例如表 10.3 所示:

表 10.3 水稀释型聚氨酯涂料配方举例

组　　分	投料比/%（质量）
水性聚氨酯树脂	70.50
乙二醇-丁醚	3.90
BYK301 抗滑剂	0.40
6%钴化合物催干剂	0.23
4%钙化合物催干剂	0.78
6%锆化合物催干剂	0.40
1,10-菲咯啉催干剂和稳定剂	0.19
氢氧化铵（28%）	4.20
去离子水	19.40
上述组分混合分散后，加入去离子水	
	77.5（占总量）

该配方用于建筑上做地板涂料，耐磨性好、光泽度高。

10.1.3　水性醇酸树脂

醇酸树脂漆由于有优良的耐久性、光泽、保光保色性、硬度、柔软性，用丙烯酸酯、有机硅、环氧等树脂改性后，可制成具有各种性能的涂料，因而在溶剂漆中占有重要的地位。醇酸树脂通过常温干燥、低温烘干、氨基树脂改性烘干、环氧树脂改性、酚醛树脂等改性得到的水性醇酸树脂，在水性涂料中同样占有重要的地位。水性醇酸树脂的制备主要有两种途径，下面进行介绍。

（1）以二级醇或二级醚醇作为溶剂，合成含酸值为 50 左右的醇酸树脂，并用胺或氨将羧基中和成盐。该树脂溶液用水稀释得到水性醇酸树脂体系，其干燥漆膜的光泽度高。使用该法必须注意的是不能使用一级醇为溶剂，以免与醇酸树脂发生酯交换反应。另外，羧酸基团的稳定性也非常重要，例如，假定引入的羧酸基团是苯二甲酸或苯三甲酸的半酯，由于邻位羧基的空间效应，酯基容易水解，其形成的酸盐从树脂分子链上脱去，分散体系失去稳定性。利用马来酸酐与醇酸树脂中的不饱和双键反应引入酸酐基团，再以氨水水解中和，可以得到稳定的羧酸盐。

（2）利用乳化剂或配制本身能乳化的树脂。外加乳化剂的缺点是耐化学药品性差、相对分子质量低，易从漆膜中萃取出来。而将乳化基团结合进聚合物中，可改进这 2 种性能。聚乙二醇和聚丙二醇可用作这种乳化剂，结合进聚合物。

水性醇酸树脂主要用作金属烘干磁漆、防腐底漆和装饰漆等。水稀释型醇酸树脂磁漆配方举例如表 10.4 所示：

表 10.4　水稀释型醇酸树脂磁漆配方举例

组　　分	投料比/%（质量）	组　　分	投料比/%（质量）
短油度妥尔油醇酸树脂溶液（77%固含量）	27.53	钴催干剂	0.15
氢氧化铵（28%）	0.96	锆催干剂	0.15
BYK301 耐磨剂	0.25	助催干剂	0.11
改性有机硅消泡剂	0.20	去离子水	43.45
乙二醇-丁醚	3.94	TiO_2	20.69
二级丁醇	2.57		

上述配方制备涂料容易，光泽度高，可用作金属的白色气干性磁漆。

10.2　乳胶漆

乳胶漆安全无毒、施工方便、干燥快、气味小，更重要的是相对分子质量很高，无需交联即可提供极佳的力学性能。乳胶的黏度与相对分子质量无关，故它们可用相对较高的固含量来施工。在配制乳胶漆时，不能将乳液与颜料加在一起进行砂磨或研磨，大多采用色浆法，即先将颜料高速搅拌预分散后，加入分散剂通过研磨设备制成颜料浆，再与乳液调成涂料。如将乳液与颜料直接混合过磨，颜料与乳液混合性不好，分散不易均匀，而且乳液中的水分会被颜、填料吸收而造成破乳、絮凝。制备乳胶漆首先需要通过乳液聚合合成要求的乳液。

10.2.1　乳液聚合的原料

乳液聚合是采用乳化剂把单体乳化于水中，用水溶性自由基引发的聚合。甲基丙烯酸甲酯和丙烯酸丁酯是不溶于水的单体，加入水中可以分为两层，搅拌可以分散成悬浮体系。在体系中加入乳化剂（即表面活性剂），如十二烷基硫酸钠后，搅拌下可得到比悬浮体更细的乳液。因有乳化剂分子包围，分散了的单体不易碰撞而结合，就能形成稳定的乳液。

10.2.1.1　单　体

乳液聚合用的单体要求能进行自由基聚合且不与水反应，常用不溶或稍溶于水的单体，水溶的共聚单体仅少量使用。

常用的单体有甲基丙烯酸甲酯、丙烯酸乙酯、丙烯酸丁酯、醋酸乙烯酯、苯乙烯等。偏氯乙烯/丙烯酸酯共聚乳胶的膜具有异常低的水渗透性。甲基丙烯酸（MAA）和丙烯酸（AA）

可提供羧基作为交联点，降低表面活性剂用量。丙烯酸羟乙酯（HEA）和甲基丙烯酸羟乙酯（HEMA）提供可交联的羟基。N-乙基乙烯脲甲基丙烯酰胺可增进湿附着力，如下所示：

$$H_2C\!=\!CHCNHCH_2CH_2\!-\!N\qquad NH$$

10.2.1.2　引发剂

用于乳液聚合的主要引发剂是水溶性的过硫酸盐，尤其是过硫酸铵。

过硫酸盐在水中热分裂成硫酸离子自由基而引发聚合。硫酸离子自由基还能夺取水中的氢，形成酸性硫酸离子和氢氧自由基。酸性硫酸离子会使 pH 下降，所以常需加缓冲剂，离子反应方程式如下：

$$^-O_3S\!-\!O\!-\!O\!-\!SO_3^-\ \longrightarrow\ 2\ ^-O_3S\!-\!O^-$$

$$^-O_3S\!-\!O^-\ +\ H_2O\ \longrightarrow\ HSO_4^-\ +\ HO^-$$

要在较低温度快速聚合，可用还原剂加速自由基的产生。使用亚铁盐、硫代硫酸盐和过硫酸盐的混合物比单独用过硫酸盐反应更快。这种引发类型又称为氧化还原乳液聚合。用氧化还原体系聚合可在室温引发，反应热可加热反应物到达期望温度（常是 50～80 ℃），并需要冷却以免过热。

为了提高单体的转化率（>99%），通常在最终阶段加入第二种更亲油的引发剂，如叔丁基过氧化氢，它在聚合物颗粒中比在水中更易溶。因为此时大部分未反应的单体是溶入聚合物颗粒中的，所以在反应最后阶段比过硫酸铵更为有效。即使这样，乳胶仍然含有一些未反应的单体。

10.2.1.3　表面活性剂及其作用机理

表面活性剂保持聚合物颗粒的分散稳定和防止乳胶在贮存时胶凝。

1）表面活性剂

一般用阴离子和非离子表面活性剂，如十二烷基硫酸钠、壬基酚多乙氧基化物，分子式如下：

$$CH_3(CH_2)_{10}CH_2OSO_3^-\ Na^+\qquad\qquad CH_3(CH_2)_8\!\!-\!\!\!\langle\ \rangle\!\!-\!\!O(CH_2CH_2O)_nH$$

$$n = 20\sim40$$

　　　十二烷基硫酸钠　　　　　　　　　　壬基酚多乙氧基化物

表面活性剂在水中的浓度超过其溶解度后，非极性端相互缔合成族，称为胶束。胶束

含有 $30 \sim 100$ 个表面活性剂分子，每个分子的亲油部分取向中心，亲水部分向外与水接触。刚开始形成胶束时的浓度称为临界胶束浓度（CMC），不同表面活性剂的 CMC 差距大，从 $10^{-7} \sim 10^{-3}$ g·L^{-1}。

2）表面活性剂的稳定作用

阴离子表面活性剂主要是电荷相斥，非离子表面活性剂主要是熵相斥。阴离子表面活性剂基本导致刚性颗粒，这样的乳胶在较高固体含量下有低的黏度。而非离子表面活性剂在颗粒表面有较厚的、溶胀的熵稳定化层，从而导致较高的黏度。以熵稳定化的乳胶颗粒表面层不是刚性的，在施加剪切应力后会变形，具有剪切变稀特性。

在乳液聚合中一般同时用阴离子和非离子表面活性剂。阴离子表面活性剂比非离子产生更多的颗粒，故颗粒较小，而且粒度分布较宽。非离子表面活性剂的颗粒较大，粒度分布窄。

阴离子表面活性剂的用量为按聚合物计的 $0.5\% \sim 2\%$，价格较低。非离子表面活性剂的用量是 $2\% \sim 6\%$，对稳定乳胶、防止在冻融循环时发生凝胶更有效，对抗盐（特别是多价阳离子盐）的凝胶作用更好一些，对 pH 的改变不敏感。

3）表面活性剂的副作用

所有表面活性剂都会使乳胶漆膜有水敏感性。建筑物在施工乳胶漆后，未干燥前就受雨淋，则漆膜有水渍。钢铁上乳胶漆膜的耐腐蚀性有限。用可聚型表面活性剂及"无皂"乳液降低由表面活性剂引起的水敏感性。

10.2.2　乳液聚合物的类型

工业上应用最多的是丙烯酸酯乳液和醋酸乙烯酯乳液。同醋酸乙烯乳液相比，丙烯酸酯乳液对颜料的黏结力大，耐水性、耐碱性、耐光性比较好，施工性良好，而且弹性、延伸性较好，特别适于在温度变化剧烈和膨胀系数相差很大的场合使用。

10.2.2.1　丙烯酸类乳胶

丙烯酸乳胶包括全丙、苯丙和乙丙乳胶。全丙乳胶中主要由硬单体甲基丙烯酸甲酯（$34\% \sim 37\%$）和软单体丙烯酸丁酯（$62\% \sim 64\%$）为共聚单体聚合而成，具有良好的耐候性、保色性、抗水解性及物理力学性能。苯乙烯比甲基丙烯酸甲酯便宜，而且玻璃化温度相近，因此可用苯乙烯代替甲基丙烯酸甲酯，得到苯丙乳胶。醋酸乙烯酯价格更便宜，乙丙乳胶性能比纯醋酸乙烯酯乳胶要好得多，用于室内涂装可满足使用要求。

户外房屋用涂料一般配成低光泽涂料，对耐黏结性的要求中等。这种乳胶漆含有大量颜填料，颜填料有助于耐黏结性的提高。乳胶的 T_g 值为 $5 \sim 15$ ℃。

丙烯酸乳液存在"热粘冷脆"的现象，耐溶剂性、耐湿擦性和耐磨性都较差。通过各种途径对纯丙烯酸乳液进行改性，如聚氨酯和环氧树脂。用聚氨酯对丙烯酸乳液进行改性，综合两者的优点，得到性能更优良的乳液。采用 2%的 TMI 单体参与共聚，在室温下得到稳定的乳液。该乳液的成膜温度较低，而玻璃化温度较高，涂膜的力学性能提高了近 50%，磨耗性提高 10 倍，其他性能如硬度、干燥性能、光泽等也得到提高。

10.2.2.2 醋酸乙烯酯乳胶

醋酸乙烯酯（VAc）比（甲基）丙烯酸酯单体价廉，然而，PVAc 乳胶在光化学稳定性和耐水解方面都比丙烯酸类乳胶差。PVAc 乳胶主要用作不暴露在高湿度下的户内涂料，如平光内墙漆。

乙烯-醋酸乙烯共聚物（EVA）中 VAc 含量在 70% ~ 90%的共聚物通常用乳液聚合工艺在中、高压力下生产制得乳液。该乳液具有永久的柔韧性，较好的耐酸碱性、耐紫外线老化性，良好的混溶性、成膜性、黏结性，主要用于制造水分散黏合剂、涂料等，如室内乳胶漆。所得防水涂料涂于黄麻、无纺布和玻纤布基材上，具有较好的防水效果。

10.2.2.3 热固性乳胶

热固性乳胶现在产量还远不能与热塑性乳胶相比，本书讨论中如未特别说明，就仅针对热塑性乳胶，不包括热固性乳胶。热固性乳胶通常是双组分的。因为热固性乳胶的 T_g 较低，不加成膜溶剂可聚结，成膜后需要交联提高模量，获得所需的抗黏结性等。若施工前已发生显著交联，对聚结不利，需要两罐装，因此，热固性乳胶是双组分，主要用于工业涂装。

丙烯酸氨基涂料由于保光保色性优良，在装饰性要求较高的汽车、家电等工业涂料中占重要位置。由于水稀释丙烯酸树脂相对分子质量较低，影响涂膜的装饰性与保护性。

羟基聚合物用（甲基）丙烯酸羟乙酯作为共聚单体就可制得，用脲甲醛（UF）或三聚氰胺甲醛（MF）树脂作为交联剂。氨基树脂渗入乳胶颗粒慢，结果使交联不均一。为此，在聚合前先将 MF 树脂溶解在混合单体中，将 pH 控制在 5 以上，可使过早交联降至最小。加入催化剂后的使用期为 1 ~ 2 天。在固化前，MF 树脂有增塑作用，可降低成膜温度。 配制双组分热固性乳胶，一个组分是树脂的乳胶，另一个组分是催化剂。

羧酸官能乳胶是用（甲基）丙烯酸制成的。这种乳胶可用锌或锆的铵复盐交联。当漆膜干后，氨挥发了，就形成盐交联。碳化二亚胺类可用作交联剂，碳二亚胺和羧酸反应较快，而和水反应相当慢，它和羧酸反应得到 *N*-酰基脲。室温下交联在几天内发生，60 ~ 127 °C 下固化时间 5 ~ 30 min，温度越高，漆膜性能越好。

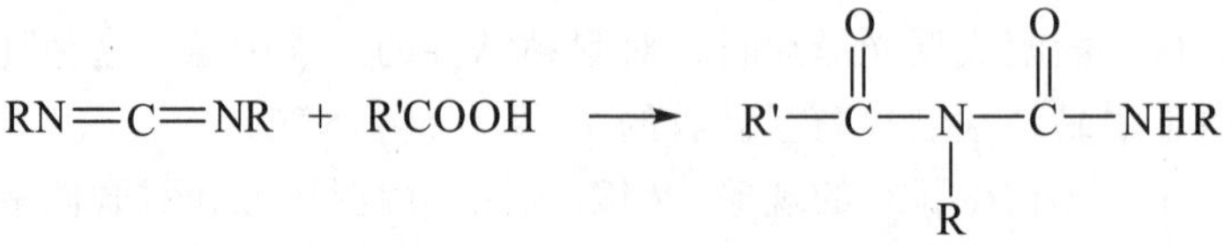

N-酰基脲

环乙亚胺和三羟甲基三丙烯酸酯加成产物用作羧酸乳胶交联剂，适用期为 48 ~ 72 h。环乙亚胺类和羧酸反应比与水的反应快得多。环乙亚胺毒性高，聚合后的毒性仍有争论。

环氧硅烷也与羧酸乳胶交联，如 β-（3,4-环氧环己基）乙基三乙氧基硅烷可提高硬度和抗溶剂性，尤其是在 116 ℃ 烘 10 min 后。—COOH 含量高的乳胶与等当量的环氧硅烷具有最大的性能改进，贮存稳定性据称至少一年。交联可以被催化，如用 1-（2-三甲基硅烷基）丙基-1 H-咪唑。

$$CH_3CH_2C(CH_2OCCH_2CH_2{-}N\triangleleft)_3$$

环乙亚胺与丙烯酸酯加成产物

$$N{-}R \ + \ R'COOH \longrightarrow \ R'{-}C{-}NHCH_2CH_2OR$$
或
$$R'{-}C{-}OCH_2CH_2NHR$$

TMI 与水反应缓慢，可用于热固乳胶。乙酰乙酯乳胶可与多胺交联，但聚结前的适用期短。

用带烯丙基单体制得的乳胶，能室温交联并长期贮存稳定，施工后暴露于空气而交联，固化机理与醇酸树脂一样，用于建筑涂料。将干性醇酸树脂溶于单体作乳液聚合而制成醇酸/丙烯酸类杂化乳胶，醇酸树脂接枝在丙烯酸类主链上，加入催化剂可室温交联。

稳定的热固乳胶可用甲基丙烯酸三丁氧硅烷基丙酯作为共聚单体制得。丁氧基衍生物与乙氧基衍生物不同，有足够的水解稳定性，可作乳液聚合，而又与水有大的反应。制得的乳胶有一年以上的贮存稳定性，然而有机锡催化可在一周内交联。

在工业中，热固性乳胶漆的局限性表现在：① 流水线及烘道中水的蒸发引起腐蚀，而且乳胶聚合物的 T_g 要高，这样可以使漆膜的水分完全蒸发后再成膜；② 乳胶涂料的爆泡问题；③ 乳胶涂料的流动性问题，因为许多工业涂料的流平性要求比建筑涂料更严格。乳胶漆与水稀释树脂结合起来使用，流动性能比乳胶涂料好，其应用较广。

10.2.3　乳液的干燥成膜

10.2.3.1　粒子凝聚成膜机理

乳液成膜的过程为：水和水溶性溶剂蒸发后使乳液粒子紧密堆积；粒子在紧密堆积过程中发生变形，导致形成或多或少的连续却柔软的膜；在经过一个较慢的凝结过程中，粒子内和粒子间的聚合物分子相互扩散，跨越粒子边界且高分子之间缠卷形成增强薄膜。一个粒子表面的高分子只需相互扩散到另一个粒子表面内非常小的距离就能形成高强度的膜。该距离比典型的乳液粒子直径小得多。这种成膜机理称为粒子凝聚成膜机理。

乳胶漆形成漆膜的粒子凝聚成膜机理不仅用于乳胶漆，而且也用于水性聚氨酯分散体、有机溶胶、粉末涂料。水性聚氨酯分散体是由极细的聚氨酯粒子分散在强极性溶剂中形成的透明状分散体，因可以用水稀释，减少有机溶剂在涂料中的使用。有机溶胶是聚氯乙烯的细微颗粒分散而不溶解在增塑剂中形成的液体分散体系；乳胶漆是细小的聚合物乳胶粒子在粒子与水界面通过表面活性剂的作用均匀分散在水中；粉末涂料在加热时粉末颗粒熔融凝结成膜。

10.2.3.2　乳液的最低成膜温度

一个特定乳液发生足够聚结形成连续膜的最低温度叫做最低成膜温度（或 MFFT，MFT）。MFFT 是将样品放在有温度梯度的金属条上测量的，干燥后连续透明的薄膜和白垩化部分明显形成时，测量分界处温度，即为最低成膜温度。控制最低成膜温度的主要因素是粒子里聚合物的 T_g，还受乳液中的表面活性剂以及保护胶体和水等的影响。

10.2.3.3　成膜助剂

成膜助剂又称凝聚助剂，能够促进乳液中聚合物粒子的塑性流动和弹性变形。改善它们在凝聚时的变形，使之能在较宽的温度范围内成膜，即降低乳液的最低成膜温度。成膜助剂除能明显降低聚合物的 T_g 外，还应该有一定的挥发性，这样在成膜前保留在乳胶涂料中，成膜后又能以较快的速度挥发除去，从而保持涂膜应有的机械强度和硬度。常用的成膜助剂有：乙二醇、乙二醇乙醚、乙二醇丁醚、苯甲醇、双丙酮醇、乙酸乙氧基乙酯、乙酸丁氧基乙酯等。

10.2.4　乳胶漆的配制

乳胶漆中的添加剂可以分为：用于分散颜料的分散剂和润湿剂、用于保护涂料和涂膜的防腐剂和防霉剂、调整涂料黏度的增稠剂、防止生产和施工时产生泡沫的消泡剂。

乳胶涂料以水作为分散介质，黏度通常都较低，涂料在贮存中颜料易发生沉降，在立面墙壁上施工还会发生流挂现象，需加入一定量的增稠剂。

10.2.4.1　乳胶漆的光泽

乳胶不容易配制高光泽涂料。溶剂型涂料在成膜过程中能够形成无颜料或低颜料量的漆膜上层表面，使漆膜有光泽。乳胶涂料有树脂和颜料粒子两个分散相。乳胶漆在挥发分蒸发后颜料及乳胶粒子随机分布，即乳胶漆聚结时不会像醇酸磁漆表面那样形成清漆层，产生光泽困难。

许多无颜料的乳胶漆膜也不透明，是因为漆膜形成了雾影。雾影是由于分散剂和水溶性聚合物在乳胶聚合物中不完全溶解而造成的，会减小漆膜的光泽。涂膜的一个液态成分不溶解于树脂基料中，它会以小滴形式从膜中分离，来到表面，涂膜变得凹凸不平，这是起霜，起霜会降低漆膜的光泽。用带溶剂的湿布可以把霜擦掉，但起霜通常会再出现。

乳胶涂料不容易达到好的流平性，而表面粗糙使光泽减小。为提高光泽，尽可能降低制造乳液时表面活性剂的用量，也可以使用表面活性剂含量极低或带能聚合的表面活性剂的乳胶，选择相溶性好的颜料分散剂。采用细粒径的乳液可以降低乳胶漆涂膜表面颜料对基料的比例，可稍微提高光泽。运用相互混溶的水溶性树脂和乳液的混合物来获得高光泽。高光泽乳胶涂料的 PVC 通常为 8% ~ 16%。

最初用醇酸磁漆作为建筑涂料，后被乳胶漆代替。醇酸磁漆的漆膜初期光泽高，在户外曝晒 1 ~ 2 年后光泽消失变成了平光。乳胶漆漆膜开始光泽较低，但几年后光泽变化不大，因此乳胶漆的保光性好。

10.2.4.2　乳胶涂料的流平性

乳胶涂料的流平性往往比溶剂型的差。在乳胶涂料中，通常使用缔合型增稠剂解决流平问题。

缔合型增稠剂是沿主链有非极性烃基作为空间阻隔的中低相对分子质量亲水聚合物，如疏水改性的乙氧基聚氨酯、苯乙烯-顺丁烯二酸酐三元共聚物和疏水改性碱溶胀乳液。这样的增稠剂使乳胶漆在高剪切速率下有较高的黏度，从而可以施工较厚的湿膜，降低在低剪切速率下的黏度，改善流平性，流平速率取决于湿膜厚度。

10.2.4.3　乳胶漆的湿附着力

乳胶漆的湿附着力差。当刚干燥的乳胶漆漆膜被水润湿之后，一些涂膜可以从旧漆膜表面片状剥离。施工时通过洗去油腻物质，并打磨将表面粗糙化可以提高湿态附着力。但即使经过了这样的表面处理，许多乳胶漆仍没表现出良好的湿态附着力。湿态附着力随漆膜形成后时间的延长而提高，但它在几个星期甚至是几个月内仍有此缺点。

在乳液树脂中引入少量的氢键，如甲基丙烯酰胺亚乙基脲之类的可极性化共聚单体，能提高湿态附着力和湿态耐擦洗性。

10.2.4.4　乳胶漆的配方举例

白色平光外墙涂料配方如表 10.5 所示：

表 10.5 白色平光外墙涂料配方举例

原　料	质量分数/%	体积分数/%	原　料	质量分数/%	体积分数/%
组分 A			组分 B		
羟乙基纤维素	3.00	0.26	丙烯酸酯乳胶	320.50	36.21
乙二醇	25.00	2.65	消泡剂	3.00	0.39
水	120.00	14.40	助成膜剂（Texanol）	9.70	1.22
阴离子表面活性剂	7.10	0.67	防霉、杀菌剂	1.00	0.12
三聚磷酸钾	1.50	0.07	NH_4OH	2.00	0.27
非离子表面活性剂	2.50	0.28	水	65.00	7.80
消泡剂	1.00	0.13	2.6%增稠剂	125.00	15.15
丙二醇	34.00	3.94			
二氧化钛	225.00	6.57			
氧化锌	25.00	0.54			
粗惰性颜料	142.50	6.55			
细惰性颜料	50.00	2.33			
石绒（触变剂）	5.00	0.25			

　　将上述配方中的组分 A 加入 3 800 ~ 4 500 r·min^{-1} 的高速分散器中分散 10 ~ 15 min，然后慢慢加入组分 B 的混合物。在上述配方中，各组分的作用分析如下。

　　羟乙基纤维素作为增稠剂，用于控制黏度，并使颜料分散稳定，防止絮凝。水量多少决定于黏度要求，最后加增稠剂溶液有利于调节黏度。丙二醇和乙二醇是抗冻剂，使乳胶有较好的冻融稳定性，并控制干燥速度，避免涂刷时搭接问题。丙二醇比乙二醇毒性低，因而较多地用于丙烯酸酯乳胶漆中，但在乙酸乙烯乳胶漆中则不常用，原因是丙二醇可能被吸附进乙酸乙烯乳胶粒子中。颜料体积浓度为 43.9%，符合平光漆要求，其中金红石型二氧化钛为 17.73%，这接近 TiO_2 最佳的比例（18%），它最大限度地利用了 TiO_2，使成本下降。惰性颜料粗细合用，使粒子分布较宽，可使黏度下降，同时细小粒子可作为"空间 TiO_2"增加二氧化钛的效力。惰性颜料是瓷土，$CaCO_3$ 作为惰性颜料易使表面"起霜"，没有使用。颜料的分散剂是阴离子、非离子表面活性剂混用，并加有三聚磷酸盐，可取得很好的效果，表面活性剂在施工时也起润湿剂作用。乳胶漆容易发霉变质，并使黏度下降，因此必须要加防霉剂、杀菌剂，氧化锌也有杀菌作用。为了降低成膜温度，加有成膜助剂（Texanol）。配方中加有少量消泡剂，但应尽量少加。

11　有机硅树脂涂料

11.1　硅树脂的结构

硅树脂的骨架是由与石英相同的硅氧烷键（Si—O—Si）构成的一种无机聚合物，故其具有耐热性、耐燃性、电绝缘性、耐候性等特点。构成硅树脂的结构单元主要有 4 种。表 11.1 列出了这些结构单元的表达式、代号和官能度。在这些单元中，组成三元结构的 T 单元和 Q 单元是必须具备的成分。通过与 D 单元和 M 单元的组合，可制备出各种性能的硅树脂。根据三元结构（T）的含量、有机基（R）的类型、反应性官能团的数量（OH、OR、不饱和基、氨基等），所得的产物具有从液状至高黏度油状，直至固体的各种形态。

表 11.1　硅树脂的四种结构单元

结构	表达式	官能度	R/Si[①]	标记	结构	表达式	官能度	R/Si[①]	标记
$R-\underset{R}{\overset{R}{Si}}-O-$	$R_3SiO_{0.5}$	1	3	M	$-O-\underset{O}{\overset{R}{Si}}-O-$	$RSiO_{1.5}$	3	1	T
$-O-\underset{R}{\overset{R}{Si}}-O-$	R_2SiO	2	2	D	$-O-\underset{O}{\overset{O}{Si}}-O-$	SiO_2	4	0	Q

注：① R 为—CH_3、—C_6H_5，也可为—C_7H_7、—C_8H_7、—$CH=CH_2$ 等。

11.2　有机硅树脂的固化机理

目前工业化生产的硅树脂主要按下面 3 种机理实现固化。

1）缩合反应

缩合反应是早已被利用的最普通的固化机理。目前多数硅树脂品种都使用脱水反应或脱乙醇反应，特殊品种还使用消除氢的反应。由反应形成的硅氧烷键仍能发挥硅树脂本身的耐热性。但由于有低分子气体放出，易使固化树脂层形成气泡和孔隙，故多用于表面涂层。

2）自由基反应

采用含双键的有机硅聚合物、利用过氧化物为固化引发剂是使有机硅聚合物固化的另一途径，这时过氧化物的分解温度决定了树脂的固化温度。所以，当树脂在低于过氧化物分解温度的条件下贮存时，稳定性良好。但必须部分接触空气才能阻止贮存期间产品的固化。

3）催化加成反应

在铂的催化下氢硅烷可与双键发生加成反应，从而达到固化的目的。当体系中存在能使催化剂中毒的化合物如胺类、磷、砷和硫等时，会严重妨碍固化。

表 11.2 说明了不同固化方式的优缺点和应用范围。

表 11.2　不同固化方式的优缺点和应用范围

固化方式	优　点	缺　点	应用范围
缩合反应	耐热性好，成本低，强度、黏结性好	易发泡，必须控制官能团的量	涂料，线圈浸渍，层压板，憎水剂，胶黏剂
自由基反应	可在低温下固化，贮存期长，产品可实现无溶剂化	空气妨碍表面固化	线圈浸渍，胶黏剂，层压板
催化加成反应	固化时形变小，不发泡，易控制反应	催化剂易中毒，影响固化	套管，线圈浸渍，层压板

11.3　有机硅树脂的制备工艺

目前工业上大量生产的 Si—O—Si 为主链的有机硅高聚物，一般是以甲基氯硅烷单体或苯基氯硅烷单体经过水解、浓缩、缩聚等步骤制备的。有机硅高聚物产品主要以硅橡胶、硅油、硅树脂三种类型出现。在涂料工业中主要使用有机硅树脂来制造一些特种涂料。下面以有机硅树脂的制造为重点进行介绍。

虽然有多种途径来构成 Si—O—Si 为主链的有机硅高聚物，但目前大规模工业生产中还是普遍采用简单易行又较经济的氯硅烷水解法来进行。其主要工序分述如下。

11.3.1　水　解

单体的水解，其速度随硅原子上氯的数目增加而增加，但也受硅原子上有机基团的类型和数目的影响。若有机基团体积大，空间位阻效应会妨碍与水的反应，减少 Si—Cl 键断裂的机会；有机基团电负性大，相应地也会增强 Si—Cl 键，降低它与水的反应活性。苯基氯硅烷由于苯基基团电负性大和体积大的联合效应，比相应的甲基氯硅烷难于水解。

一般的水解方法是将甲基氯硅烷、甲苯基氯硅烷与甲苯等溶剂均匀混合，在搅拌下缓慢加入过量的水中（或水与其他溶剂中）进行水解。水解时保持一定温度，水解完毕后静置至硅醇和酸水分层，然后放出酸水，再用水将硅醇洗至中性。

制备有机硅树脂，一般都是用两种或两种以上的单体进行水解，如 CH_3CH_3、$HSiCl$、$C_6H_5SiCl_3$、CH_3SiCl_3、$(CH_3)_2SiCl_2$、$(C_6H_5)_2SiCl_2$ 等的共水解，最理想的情况是：选择适当的水解条件，使各种组分均能同时水解，并共缩聚成均匀结构的共缩聚体，可获得较好的性能，但实际上水解中各个组分的水解速度并不一样，有些组分水解后分子本身又有自行缩聚的倾向。不注意这些影响又往往使水解后产物组分变动很大，不均匀性也大。

氯硅烷水解后，生成硅醇，除继续缩聚成线型或分枝型低聚物外，分子本身也可自行缩聚成环体，以 $(CH_3)_2SiCl_2$ 为例，在酸性介质中水解，可以生成环体结构式 $(R_2SiO)_3$、$(R_2SiO)_4$、$(R2SiO)_5$。

$$n\,(CH_3)_2SiCl_2\ +\ n\,H_2O\ \longrightarrow\ [(CH_3)_2SiO]_n\ +\ 2n\,HCl$$

环体，$n = 3, 4, 5, \cdots$

$$n\,(CH_3)_2SiCl_2\ +\ (n{+}1)\,H_2O\ \longrightarrow\ HO-\underset{\underset{CH_3}{|}}{\overset{\overset{CH_3}{|}}{Si}}-\left[O-\underset{\underset{CH_3}{|}}{\overset{\overset{CH_3}{|}}{Si}}\right]_{n-2}-O-\underset{\underset{CH_3}{|}}{\overset{\overset{CH_3}{|}}{Si}}-OH\ +\ 2n\,HCl$$

3 官能度单体水解时，除生成体型聚合物外也能同样自行缩聚生成环体：

$$n\,RSiCl_3\ +\ 1.5n\,H_2O\ \longrightarrow\ (RSiO_{1.5})_n\ +\ 3n\,HCl$$

环体的形成消耗了组分中的官能度，减少了各组分分子间交联的机会，故不利于均匀共缩聚体的生成。水解后组分中环体越多，分子结构的不均匀性越大，最后产品的性能相差越大。

氯硅烷水解时生成的氯化氢溶解于水解介质内，是低分子环体生成的强力促进剂。反应介质中氯化氢浓度越高，酸性越大，环体的生成量也越大。间歇水解法中，水解介质中氯化氢的浓度是随氯硅烷单体的加入量而增加的，水解介质的 pH 是变动的；连续水解法由于单体、溶剂和水是定量加入和排除，能保持水解介质 pH 的恒定和一定的水解物组分，所以是比较好的水解方法。

酸性介质（特别是氯化氢水溶液）易促进环体生成，中性及碱性介质（如水解时以碳酸氢钠中和生成的盐酸）则有利于共缩聚体的生成，尤其是在碱性水解介质内有如下反应发生：

$$-\underset{\underset{OH}{|}}{\overset{|}{Si}}-OH\ +\ NaOH\ \longrightarrow\ -\underset{\underset{OH}{|}}{\overset{|}{Si}}-ONa\ +\ H_2O$$

可以封闭一些分子的官能团，减少自缩聚倾向，利于共缩聚体的生成。

水解时所用溶剂的性质和数量对于水解产物的组成也有很大影响，溶剂的加入，可以抑制 3 官能度（或 4 官能度）组分缩聚胶凝，但也使单位体积内组分分子浓度降低，加剧了环体生成的机会。溶剂用量越多，环体生成量越多。

使用氯硅烷水解法，很难避免环体的生成。由于水解的条件不一样，虽用相同的配方，但水解后产物组分和环体生成量往往不一样，有时会相差很大，致使最后缩聚生成的高聚物分子结构相差大。而高聚物的性能是由其分子结构决定的。因此应该严格控制水解条件，使每批水解产物有近似的组成（包括环体及共缩聚体），才能保证最后产品都有相同性能。因此，水解工序是有机硅树脂制造的关键工序。

11.3.2 硅醇的浓缩

将水解后的硅醇溶液首先水洗至中性，然后在减压条件下脱水，同时蒸出部分溶剂。当树脂溶液的固体含量达 50% ~ 60% 时，停止脱水和蒸出溶剂。

为减少硅醇的进一步缩合，系统压力越低越好，体系的温度也不宜超过 90 ℃。

11.3.3 缩 聚

浓缩后的硅醇液是低分子的共缩聚体和环状物，其羟基含量高，相对分子质量低，因此物理性能差，贮存稳定性也不好，必须进一步进行缩聚，以便形成稳定的、物理机械性能好的高分子聚合物。硅树脂的缩聚方法主要有以下 2 种。

1）高温空气氧化法

在高温条件下向浓缩液中吹入空气，既可以带出低沸点环状物，又能使连接在硅原子上的有机基团氧化，从而形成 Si—O—Si 键为主体、交联密度高、黏度大的聚合物。采用该法制备的树脂色深、质量差，故目前已很少使用。

2）催化缩聚法

各种 Lewis 酸和碱都是缩聚反应的催化剂。催化剂既能使硅醇间的羟基脱水缩合，又能促使低分子环状物开环，进行分子重排的聚合反应。例如，在碱催化剂作用下，水解物中可形成五配位的硅负离子。

$$—\overset{|}{\underset{|}{Si}}—O—\overset{|}{\underset{|}{Si}}— \; + \; OH^- \;\longrightarrow\; —\overset{|}{\underset{|}{Si}}—O—\overset{|}{\underset{|}{\underset{OH}{Si}}}—$$

它在反应过程中又转化成含有 Si—O 和 Si—OR 键的中间体，然后重排缩合，发生链增长反应。

$$—\overset{|}{\underset{|}{Si}}—O—\overset{|}{\underset{OH}{\underset{|}{Si}}}— \;\longrightarrow\; —\overset{|}{\underset{|}{Si}}—O^- \; + \; HO—\overset{|}{\underset{|}{Si}}— \;\xrightarrow{K^+}$$

$$\overset{|}{\underset{|}{-Si}}-OK \ + \ HO-\overset{|}{\underset{|}{Si}}- \ \longrightarrow \ -\overset{|}{\underset{|}{Si}}-O-\overset{|}{\underset{|}{Si}}- \ + \ KOH$$

水是使该反应得以进行的前提。

各种碱金属氢氧化物、硅醇盐和醇盐、季铵盐等都是有效的催化剂，如氢氧化钠、氢氧化钾等。这类催化剂加入浓硅醇中后，在搅拌及室温条件下进行硅醇的缩聚反应。当达到一定的反应程度时，加入略过量的酸以中和其碱性，余下的酸可用 $CaCO_3$ 中和除去。该工艺较复杂，而且成品微带乳光。如果中和过程控制不当，遗留下来的微量酸碱均会对成品的贮存稳定性、老化性和绝缘性带来不良影响。

如果采用高温下能分解或挥发的碱如四甲基氢氧化胺，则可在硅醇完成缩合反应后，用强热的方法破坏催化剂的活性，从而达到去除催化剂的目的。该工艺简单，且产品质量也较好，常用于制备硅油和硅橡胶。

在涂料工业中，常使用金属羧酸盐作为催化剂，其中反应活性强的有铅、锡、锆、铝、钙等的羧酸盐，反应活性弱的有钒、铬、锰、铁、钴、镍、铜、锌、镉、汞、钛、钍、铈、镁的羧酸盐。这一类催化剂的催化活性与反应温度有关。温度升高，反应速度加快。工业上一般采用先保持在一定的反应温度，使缩聚反应能迅速进行，至接近规定的反应程度后，才适当降低反应温度，以控制产物的相对分子质量的方法进行生产。该法工艺过程简便，参加反应的催化剂也不需除去，且产品质量好，故常用于制备有机硅树脂的缩聚反应。

11.4　有机硅树脂的配方设计

11.4.1　配方设计原则

制备有机硅树脂，大多数采用 CH_3SiCl_3、$(CH_3)_2SiCl$、$C_6H_5SiCl_3$、$(C_6H_5)_2SiCl_2$ 等单体为原料，而且多是 2 种或多种单体并用。按照产品性能要求进行配方设计时，首先应考虑树脂组成中的下列因素。

1）R/Si 值

R/Si 值即烃基取代程度，它的意义是在有机硅高聚物组成中每一硅原子上所连烃基的平均数目，由 R/Si 值可以估计这种高聚物的固化速度、线型结构程度，耐化学药品性及柔韧性等性能。

2）Ph/R 值

它表示了高聚物组成中硅原子上所连苯基数目和所连全部烃基的比值，即苯基在所有烃基中的含量。

这些因素对产品树脂的性能和使用情况有很大影响。例如，R/Si≤1 时，表明这种树脂是网状结构或体型结构，室温下的脆硬固体，加热不易软化，在有机溶剂中不易溶化，多应用于层压塑料方面，所用单体多数是 3 官能度、甚至有 4 官能度的。若 R/Si = 2 或稍大于 2，则是线型油状液体或弹性体，即硅油或硅橡胶类产品。R/Si = 2 是用 2 官能度单体；R/Si 稍大于 2 时，除 2 官能度单体外，还使用了少量单官能度单体做封端剂。

在实用上，树脂类型和 R/Si 值的关系如表 11.3 所示：

表 11.3　树脂类型和 R/Si 值的关系

树脂类型	R/Si 值	树脂类型	R/Si 值
层压或模铸用树脂	1.1	玻璃漆布用树脂	1.6
涂料用中间体（空气干燥涂料用）	1.0	涂料用中间体（金属卷涂涂料用）	1.6
一般涂料用树脂	1.4	浇铸用树脂	1.9
高温涂料用树脂	1.5		

若 Ph/R = 0，则为纯甲基有机硅树脂，涂膜硬度高，但耐热性不及引入部分苯基的有机硅树脂好，对颜料及普通有机树脂混溶性差，多用于黏结或表面防水涂层。

若在甲基中引进苯基，可以提高耐热性、柔韧性和对颜料及普通有机树脂的混溶性、对底层的附着力，但苯基太多，也相应增加了涂膜受热时的热塑性。

3）单体的结构

除 R/Si 及 Ph/R 值外，还应该考虑引进的各种单体结构对性能的影响（表 11.4）。

表 11.4　单体结构对性能的影响

单体结构	性　能	单体结构	性　能
$C_6H_5SiO_{1.5}$	硬度高，中等的固化速度	$(CH_3)_2SiO$	软性和柔韧性
$CH_3SiO_{1.5}$	脆性，硬度及固化速度快	$CH_3(C_6H_5)SiO$	坚韧性，中等的弹性模数及柔韧性
$(C_6H_5)_2SiO$	弹性模数高，坚韧性强及固化速度慢		

一般说来，在有机硅高聚物中，3 官能度单体提供交联点，2 官能度单体增进柔韧性，配方中二甲基单体的物质的量浓度不宜太高，过高将显著增加固化后树脂的塑性，而且没有交联的低分子环体也增多。二苯基单体的引入，可以增加漆膜在高温时的坚韧性和硬度；但由于二苯基二羟基硅烷的羟基反应活性差，不易全部进入树脂中，给予树脂以柔韧性，而不像二甲基单体那样使树脂硬度降低。

两种树脂的性能对照如下：

（1）甲基含量高的有机硅树脂性能：柔韧性好、耐电弧性好、憎水性好、保光性好、高温时重量损失小、耐热冲击性好、耐化学药品性好、固化速度快、抗紫外线及红外线的稳定性好。

（2）苯基含量高的有机硅树脂性能：热稳定性好、坚韧性好、热塑性大、耐空气中氧的氧化作用稳定性好、在热老化时能长期保持柔韧性、在室温下溶剂挥发后能表面干燥、对有机溶剂的抵抗力弱、与普通有机树脂的混溶性好、贮存稳定性好。

因此，研制一种有机硅树脂，必须根据其要求及性能，估计其 R/Si 值及 Ph/R 值，并考虑引入单体结构的特点来考虑配方，并需通过多次试验，逐步调整，才能达到需要树脂的实际配方；另外还需考虑其水解及缩聚条件，因为这些对树脂性能也有很大影响。

11.4.2　有机硅树脂配方实例

200 °C 固化的通用型有机硅耐热绝缘漆的配方（表 11.5）及工艺过程如下：

表 11.5　通用型有机硅耐热绝缘漆配方举例

原　　料	n/mol	纯单体用量/kg	原　　料	n/mol	纯单体用量/kg
CH_3SiCl_3	177	26.5	$C_6H_5SiCl_3$	294	62.2
$(CH_3)_2SiCl_2$	352	45.4	$(C_6H_5)_2SiCl_2$	177	44.8

工艺过程：

（1）水解：将二甲苯及上述各单体在混合釜中混合均匀后，搅拌下于 4 ~ 5 h 内滴加到水解釜的二甲苯和水的混合液中，反应温度为 30 °C。水解反应结束后，静置分层，除去杂质后测定固体含量。

（2）硅醇浓缩：在真空条件下将上述硅醇溶液中的溶剂逐渐蒸出，控制反应温度在 90 °C 以下、压力在 5 300 Pa 以下，浓缩后硅醇溶液的固体含量在 55% ~ 65% 的范围内。

（3）缩聚过程：将测定固体含量后的浓缩硅醇加入缩聚釜内，搅拌下加入计算量的辛酸锌，并于真空条件下蒸出二甲苯溶剂。待溶剂蒸毕，即升温至 165 ~ 170 °C 进行缩聚。当试样胶化时间达 1 ~ 2 min（200 °C）时，立即向缩聚釜中加入二甲苯，并向缩聚釜夹套通入冷却水。当反应体系温度低于 50 °C 时，用高速离心机过滤物料并测定其固体含量。成品固体含量应控制在 49% ~ 51% 的范围。

11.5　有机硅树脂的改性

尽管纯硅树脂在高温下不易分解、变色或炭化，但与普通的有机树脂相比，纯硅树脂与金属、塑料、橡胶等基材的黏结性差。用有机硅改性的有机树脂，不仅可以提高有机树脂的耐热性、耐候性、耐臭氧和耐日光中紫外线的能力，而且还能改善硅树脂的黏结性。因此，用有机硅改性树脂制备的涂料具有优良的保光性和抗颜料粉化性。表 11.6 列出了有机硅改性树脂的性能与典型产品。

表 11.6　有机硅改性树脂的性能与典型产品

种　类	特　点	信越公司典型商品牌号	用　途
醇酸树脂改性	柔软性好	KR-206	涂料、电绝缘漆
丙烯酸树脂改性	耐候性好	KR-5208	涂料
环氧改性	耐化学药品性好	ES-1001N	涂料、电绝缘漆
聚酯改性	强度大、耐热	KR-5203	涂料
聚氨酯改性	黏结性好	KR-205	涂料

有机硅树脂改性的方法有两种：物理方法和化学方法。

1）物理方法

冷并法，即以有机树脂和与其混溶性好的有机硅树脂（如高苯基含量）冷并混合均匀而成，有机硅树脂用量一般为30%左右。此法比较简单，但改性的效果不如化学方法改性的好。常用的有机树脂有丙烯酸、醇酸、乙丁纤维素、环氧、松香酸酯胶、乙基纤维素、三聚氰胺甲醛树脂、硝基纤维素、酚醛树脂、聚苯乙烯、聚乙烯醇丁醛，聚苯乙烯-丁二烯、乙烯基共聚物等。根据改进性能要求，选择不同树脂。

2）化学方法

即以一般有机树脂的活性官能团（如羟基、不饱和烃基等）和适当的有机硅低聚物中的羟基、烷氧基（主要为甲氧基、乙氧基）、不饱和烃基进行缩聚或聚合反应，制成有机硅改性树脂。

下面介绍几种常见有机硅改性树脂。

11.5.1　有机硅改性醇酸树脂

有机硅改性醇酸树脂的制备原理是利用有机硅中间体的羟基和烷氧基与醇酸树脂上的羟基反应生成共聚物。

有机硅改性长油醇酸树脂增加醇酸树脂的耐候性，30%有机硅改性长油醇酸树脂的配方举例如表11.7所示。

表 11.7　有机硅改性长油醇酸树脂配方举例

组　分	质量分数/%	组　分	质量分数/%
Z-6018 硅中间物[①]	19.2	大豆油脂肪酸	26.7
季戊四醇	7.5	溶剂汽油	26.5
甘油	1.4	溶剂汽油	8.9
苯酐	9.8		

注：① 美国 Dow Corning 公司生产的含羟基的硅中间物。

11.5.2 有机硅改性丙烯酸树脂

利用含—OC$_2$H$_5$或—OH 的硅中间物与含—OH 的丙烯酸树脂在酯类溶剂中共缩聚制成。随后和三聚氰胺甲醛树脂结合，产生热固性涂膜，保持原有的拉伸强度，而提高延伸率、保光性和抗水性。

11.5.3 有机硅改性聚氨酯树脂

一般含有烷氧基或羟基的硅中间物难以和聚氨酯的异氰酸（—NCO）反应，而要通过含有碳羟基（—Si—O—R—OH）的有机硅组分和聚氧酯为另一组分，组成双组分的聚氨酯有机硅涂料，反应示意如下。

（1）硅中间物和多元醇反应生成含 C—OH 的有机硅组分。

$$—Si—OR + HO—R'—OH \longrightarrow —Si—O—R'—OH + ROH$$

$$—Si—OH + HO—R—OH \longrightarrow —Si—O—R—OH + H_2O$$

（2）含 C—OH 的有机硅组分和异氰酸组分配漆反应形成聚氨酯有机硅树脂。

式中，R 为烃基。

将聚氨酯引入有机硅树脂中，不仅可以显著提高有机硅的附着力、耐磨性、耐油性及耐化学药品性，还可以在常温下干燥。

11.5.4 有机硅改性环氧树脂

有机硅改性环氧树脂是通过硅中间体和环氧树脂中的羟基反应制得：

$$—\overset{|}{\underset{|}{Si}}—OC_2H_5 \;\text{或}\; —\overset{|}{\underset{|}{Si}}—OH \;+\; HO—\overset{CH_2—O—R—CH\overset{O}{\diagdown}CH_2}{\underset{CH_2—O—R—CH\overset{O}{\diagdown}CH_2}{\overset{|}{CH}}} \;\longrightarrow\; —\overset{|}{\underset{|}{Si}}—O—\overset{CH_2—O—R—CH\overset{O}{\diagdown}CH_2}{\underset{CH_2—O—R—CH\overset{O}{\diagdown}CH_2}{\overset{|}{CH}}} \;+\; CH_3CH_2OH \;\text{或}\; H_2O$$

式中，R 为

$$—\langle\!\!\langle \;\;\rangle\!\!\rangle—\overset{CH_3}{\underset{CH_3}{C}}—\langle\!\!\langle \;\;\rangle\!\!\rangle—\;\;。$$

含羟基的硅中间物与环氧树脂中羟基发生醚化反应，分出水。含乙氧基的硅中间物和环氧树脂羟基进行醚交换反应，分出乙醇。所用环氧树脂是中等相对分子质量的，如 E-35、E-20、E-12。

反应生成环氧有机硅共聚物，在共聚物中保留了环氧基，因此可以采用环氧树脂的固化剂，如二亚乙基三胺、乙二胺、聚酰胺等来固化成膜。

环氧有机硅树脂具有良好的耐热、耐油、耐介质性及电性能。环氧有机硅涂料选用不同的固化剂可以在不同的温度下固化，以二亚乙基三胺、乙二胺为固化剂可以在 50 ℃ 下固化使用，若以聚酰胺作为固化剂则得到低温干燥柔韧性好的漆膜，以三聚氰胺或脲醛树脂固化可以得到烘烤型的涂料。

12 氟碳树脂涂料

12.1 Teflon 系列含氟聚合物及涂料

1938 年，杜邦公司首先开发成功并以"特富龙"（Teflon）商标注册的系列含氟聚合物包括两大类型：① 以 Teflon II 、Silver、Stone、Silver Stone Supra 等商标销售的产品，用于制造炊具及烘烤用具的不粘性涂料；② 以 Teflon、Teflon-P、Teflon-S 和 Teflon 干润滑剂等商标销售的产品，用于工业产品的表面涂层，在汽车零部件及机械领域得到普遍应用。

Teflon 系列的树脂包括液态树脂和粉末状态树脂。而从化合物方面分类则可分为以下 2 种。

1）纯含氟化合物

包括聚四氟乙烯（PTFE）、聚全氟乙丙烯（FEP）、四氟乙烯-全氟基乙烯醚共聚物（PFA）、乙烯-四氟乙烯共聚物(ETFE)等。这类树脂基本上是水分散体系，FEP、PFA 和 ETFE 也可以制成粉末涂料。这类树脂制成的涂料，除 PTFE 可以作为单一涂层应用外，其余几种都需要配合使用附着力良好的底涂层。

2）树脂结合型含氟聚合物

它是由一种或多种纯含氟聚合物与另一种高性能树脂结合而成的。这些树脂包括聚亚苯基硫醚（PPS）、环氧树脂、聚酰亚胺等。树脂结合型的含氟涂料增强了韧性，改善了耐磨性和附着性能，同时由于这类树脂都是溶剂型体系，因此可以作为单一涂层在汽车、机械等工业领域得到应用。

Teflon 系列含氟涂料的性能特点是不粘性、低摩擦系数、不湿性、热稳定性、绝缘性及耐化学药品性和耐腐蚀性。但均需在高温条件下固化，除极少量可在 177 ℃ 以下固化外，绝大多数需要在 260～345 ℃ 之间固化，有时高达 430 ℃。由于固化条件的限制和由此导致的涂装成本的增加，限制了此类产品的应用范围。

12.2 PVDF 含氟聚合物及涂料

PVDF 树脂是含氟聚合物中户外耐久性、耐酸雨及耐大气污染性、耐腐蚀性、抗沾污性及耐霉菌性等方面综合性能较好的一种，并且适用于在多种金属底材上涂装，因此作为建筑涂料得到了广泛的应用。典型的应用包括建筑幕墙、屋顶板、金属披迭板、屋顶窗等部位。目前，我国已有数十家企业在使用进口的 PVDF 涂料生产建筑幕墙，因此其市场比较广阔。

12.2.1　PVDF 树脂的合成

PVDF 的化学名称是聚偏氟乙烯，是相对分子质量高的半晶体聚合物，是 1, 1-二氟乙烯（$H_2C=CF_2$，也称偏二氟乙烯）的加成聚合物。PVDF 树脂可以采用乳液聚合或悬浮聚合反应合成。偏二氟乙烯在引发剂的作用下，通过自由基反应，可制得相对分子质量在 40 万 ~ 60 万（氟的质量分数为 59.4%，氢的质量分数为 3%）的半晶体聚合物。PVDF 树脂的相对分子质量、相对分子质量分布、聚合物链的不规则程度和结晶度及结晶方式决定了树脂的特性。

12.2.2　PVDF 树脂的性能

在 PVDF 分子结构中，氢原子和氟原子沿聚合物链方向的对称排列方式所产生的极性将影响树脂的多项性能和结晶状态。PVDF 具有其他合成聚合物从未见过的复杂的晶体多型现象。其中有 4 种不同的晶型：α、β、γ、δ 型。依聚合工艺的条件不同，这些晶型在树脂中的比例也不同。在工业中应用以 α 型和 β 型为主。α 型具有横向偏转的链结构，即氟原子和氢原子交替连接在碳链的两侧，导致热力学稳定性最佳，并且适合于对建筑构件的涂装及熔融处理。

12.2.3　PVDF 涂料的配方组成

1960 年，Elf Atochem North America Inc. 首先实现了 PVDF 树脂的商品化生产，并以 Kynar 的商品名销售。Kynar 的涂料可以配制成溶剂型涂料、水性涂料和粉末涂料，但多数 Kynar 树脂被用于溶剂型涂料。

Kynar 型建筑涂料主要由 Kynar 树脂、丙烯酸树脂、颜料、有机溶剂和助剂组成。PVDF 树脂是主要成膜组分，它决定了涂料的基本性能。Kynar 500 树脂在树脂组分中的质量分数不低于 70%，在涂料总固体中的质量分数不低于 40%，是保证涂料性能的基本条件。

加入丙烯酸树脂的目的是对 Kynar 树脂进行改性。其主要作用是改善树脂对颜料的分散性，提高对底材的附着力和改善最终涂膜的相稳定性。所用的丙烯酸树脂可是热塑性的，也可是热固性的，但甲基丙烯酸甲酯等热塑性丙烯酸树脂较常用。丙烯酸树脂的不同对涂膜的光泽、硬度等也会带来明显的影响。

以 PVDF 树脂制成的建筑涂料中所使用的颜料需要具备在户外能使用 20 ~ 30 年的寿命，因此可选用的颜料包括：经煅烧的金属氧化物和混合的金属氧化物、外用级高抗粉化性的金红石型二氧化钛以及外用级的珠光云母钛颜料。有机颜料、荧光颜料、磷光颜料、锐钛型二氧化钛、镉颜料不能使用。

以 PVDF 树脂制备的涂料产品中所使用的溶剂包括以下 3 类：

（1）活性溶剂，可以在室温下溶解 Kynar 树脂，包括极性溶剂、膦酸酯和较低级的酮类溶剂；

（2）潜溶剂，室温下不溶解 Kynar 树脂，但在高温下可溶解树脂的溶剂，包括较高级的酮类、酯类、二醇醚类和二醇醚酯类溶剂；

（3）稀释剂，在任何温度下都不会溶解树脂，仅能起到稀释作用，包括烃类、醇类溶剂等。

潜溶剂是 Kynar 树脂最常用的溶剂，由其制成的分散体涂料固体含量可达 40% ~ 50%。在涂料体系中，Kynar 500 树脂以微细的粉末形态悬浮在其中，在室温下保持稳定的流体分散体形态。在加热烘烤过程中，树脂溶解在溶剂中，并随溶剂的挥发而聚结成膜。活性溶剂可以用于生产溶液型涂料，但由于树脂的溶解提高了黏度，所以其涂料的固体含量仅可达到分散体涂料的 50% 左右。

以 PVDF 树脂制备的涂料中，在不影响涂膜长期耐候性前提下也选用少量的助剂，以改善涂料及涂膜的某些性能，包括分散剂、乳化剂、防沉剂、消泡剂、杀菌剂、消光剂、流平剂和紫外线吸收剂等。典型的 Kynar 500 的涂料配方组成如表 12.1 所示。

表 12.1 典型的 Kynar 500 涂料配方

组　分	质量分数 /%	组　分	质量分数 /%
Kynar 500 树脂	20 ~ 25	颜料	12 ~ 16
丙烯酸树脂	8 ~ 11	溶剂	50 ~ 60

注：Kynar 500 占树脂质量分数大于 70%，Kynar 500 占涂料总固体的质量分数大于 40%。

12.2.4 PVDF 树脂的发展

用于涂料生产的 PVDF 树脂，除偏氟乙烯的均聚物以外，Elf Atochem Noeth America Inc. 于 1965 年后也研制成功了偏二氟乙烯的共聚物。在众多共聚体中，六氟丙烯 (CF_3—CF＝CF_2) 起到了重要商业作用。以含 15% ~ 40%（物质的量分数）的六氟丙烯（HFP）-偏二氟乙烯共聚物为基础的高性能含氟弹性体也已制成，同时还制成了 PVDF 和四氟乙烯（TFE）的韧性共聚物，以及 PVDF、TFE 和 HFP 的三元共聚物。这些共聚树脂的合成为涂料提供了独特的涂装性能，尤其是降低了烘烤温度和提高了溶解度。这些共聚树脂的恰当配合，已经可以制备出耐候性完全可以和 Kynar 500 相媲美的涂料产品。尽管当前使用 PVDF 均聚树脂仍占主导地位。

12.3 FEVE 树脂及其涂料

以上所述的 Teflon 系列高聚物及 PVDF 树脂皆属于结晶性聚合物，通常需借助助剂制成水性和溶剂型分散体用于涂料产品，并且干燥时需要 230 ℃ 以上的高温烘烤成膜，因此其应用范围受到局限。直至 1982 年日本旭硝子株式会社推出了商品名称为"Lumiflon"的氟烯烃和乙烯基醚的共聚树脂（FEVE），才提供了含氟树脂在芳烃、酯类或酮类溶剂中的可溶性，克服了以往含氟涂料必须高温烧结的缺点，使其在室温到高温较宽的温度范围内固化得到光泽、硬度、柔韧性理想的透明涂膜成为可能。FEVE 树脂可以和封闭型异氰酸酯树脂（如甲乙酮肟封闭的六亚甲基异氰酸酯）或三聚氰胺树脂（如丁醇醚化三聚氰胺甲醛树脂）混合制成可高温烘烤固化的单组分产品（典型产品的固化温度为 170 ℃，固化时间为 20 min），也可以和缩二脲多异氰酸酯或 HDI 三聚体制成双组分产品，而得到可常温交联固化的含氟聚氨酯涂料。以FEVE树脂制得的常温固化的含氟涂料，由于具有超常的耐候性、突出的耐腐蚀性、优异的耐化学药品性、良好的抗沾污性、耐冲洗性和方便的涂装性能，因此，日益获得广泛的应用。以下仅以双组分常温交联固化的含氟聚氨酯涂料为例，讨论FEVE含氟树脂涂料及应用。

12.3.1　FEVE 树脂的结构和性能

如上所述，FEVE 树脂是含氟聚氨酯涂料的主要成膜组分，以其和交联剂——缩二脲多异氰酸酯和HDI三聚体共同组合，可以制备含氟聚氨酯涂料。研究FEVE树脂结构和其宏观性能之间的关系，是研制含氟聚氨酯涂料的理论基础。

如图 12.1 所示，FEVE 树脂是氟烯烃和烷基乙烯基醚严格交替排列的嵌段共聚物，共聚单体可以是环己基乙烯基醚、羟丁基乙烯基醚和烷基乙烯基醚。分子结构中有氟烯烃链节、乙烯基醚链节、羟基侧基和羧基侧基。

含氟涂料之所以以其耐候性、耐腐蚀性、耐化学药品性和抗沾污性著称，首先在于其分子结构中含有氟原子，分子结构如图 12.1 所示。

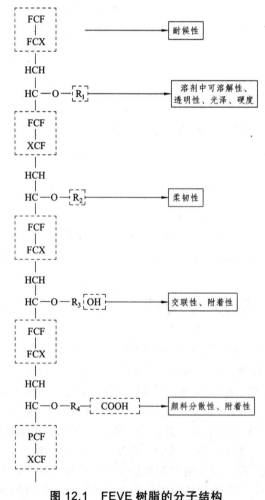

图 12.1　FEVE 树脂的分子结构
X—CF$_3$、F、Cl；R$_1$~R$_4$—烷基、环烷基、羟烷基、羧烷基

由于氟原子的电负性最高（4.0），原子半径较小（0.135 nm），它和碳原子间形成的 C—F 键极短，键能高达 485.6 kJ·mol^{-1}（C—H 键键能为 413.2 kJ·mol^{-1}，C—C 键键能为 136.5 kJ·mol^{-1}），因此分子结构稳定。由于 C—F 原子是由比紫外线能量大的键合强度连接着，所以不易受紫外线照射而断裂，因此耐紫外线性能优异。

如图 12.2 所示，在 FEVE 树脂的分子链中每个 C—C 键都被螺旋式的三维排列的氟原子紧紧地包围着。这种分子结构能保护其自身免受紫外线、热或其他介质侵害。由于其具有很小的透氧性，所以能很好地防止底材锈蚀。

图 12.2 FEVE 分子结构中的螺旋式结构

氟原子极性很低，同时具有自润滑表面，所以具有不粘性及平滑性，因此抗沾污性较强，一旦污染了也容易清洗。因此，在 FEVE 分子结构中含氟量高低是影响树脂性能的一个重要因素。

FEVE 树脂分子结构中氟烯烃链节和乙烯醚链节的交替排列也是赋予该树脂稳定性较好的一个重要原因。因为乙烯醚链节中碳原子上的氢和醚键中的氧容易发生化学反应。但是在严格交替的排列中，化学稳定的氟烯烃链节形成了立体屏蔽结构而产生了空间位阻，可以保护稳定性较差的乙烯醚键链节不受化学侵蚀。

FEVE 树脂在溶剂中的可溶解性、光泽、柔韧性与固化剂的混溶性、对颜料的湿润性及附着性等都可以通过选择适当数量的含所需侧链官能团的乙烯醚来达到。例如，羟烷基乙烯醚对附着力及与异氰酸酯的交联度提高是必要的，而环烷基乙烯醚可使树脂在有机溶剂中有良好的溶解性，羧基的存在可以提高树脂对颜料的湿润性和附着力。FEVE 树脂的羟基值调节到近似于含羟基丙烯酸酯树脂的羟基值，这样就可以和交联剂一起制备含氟聚氨酯涂料。

12.3.2 含氟聚氨酯涂料的研制

12.3.2.1 FEVE 树脂的合成

可溶性含氟烯烃树脂 FEVE 的合成是制备含氟聚氨酯涂料的技术关键。通常包括单体制备和四元共聚树脂合成 2 个工艺过程。

由环己醇和乙炔在有机溶剂存在和催化剂作用下制备环己基乙烯基醚，反应方程式如下：

$$\text{环己基—OH} + \text{HC}\equiv\text{CH} \longrightarrow \text{环己基—O—CH}=\text{CH}_2$$

采用烷基乙醇和烷基乙烯基醚在催化剂作用下可以合成羟烷基乙烯基醚。如下式中是用丁二醇和异丁基乙烯基醚制备羟丁基乙烯基醚：

$$HO—(CH_2)_4—OH \quad + \quad \underset{\underset{CH_3}{|}}{\overset{\overset{CH_3}{|}}{HC}}—CH_2—O—CH=CH_2 \quad \longrightarrow$$

$$HO—(CH_2)_4—O—CH=CH_2 \quad + \quad \underset{\underset{CH_3}{|}}{\overset{\overset{CH_3}{|}}{HC}}—CH_2—OH$$

以三氟氯乙烯、环己基乙烯基醚、羟丁基乙烯基醚和烷基乙烯基醚在引发剂作用下，通过自由基共聚反应可以制备四元共聚物 FEVE 树脂。

依据以上所述调整树脂主链及侧基结构便可得到性能适合需要的 FEVE 树脂。

12.3.2.2　交联剂的选择

FEVE 树脂可以和封闭型异氰酸酯树脂配合制成可高温烘烤固化的单组分含氟聚氨酯涂料，也可以和脂肪族聚氨酯配合制成常温固化（也可低温烘烤固化）的双组分含氟聚氨酯涂料。由于含氟涂料常常用于要求超常耐候性的场合，所以芳香族聚氨酯交联剂不适于此类涂料，通常皆选用脂肪族聚氨酯交联剂——缩二脲多异氰酸酯或 HDI 三聚体。交联剂种类的不同和 $n(—OH)/n(—NCO)$ 比值不同也会导致涂料性能的不同。

12.3.2.3　含氟聚氨酯涂料

尽管用 FEVE 树脂和交联剂配合制备含氟聚氨酯清漆，以及以 FEVE 树脂和颜填料共同研磨分散制备磁漆的工艺与丙烯酸聚氨酯的工艺基本相同，但在磁漆制造过程中保持FEVE 树脂对颜料和填料的湿润是突出的问题。使颜填料在树脂中处于良好的分散状态是保持色漆分散体系处于良好稳定状态，保证贮存时不产生返粗变稠及沉淀现象的前提。通常无机颜料、二氧化钛等金属氧化物颜料和常用的填料都比较容易在 FEVE 树脂中分散，而对炭黑、酞菁系颜料及某些有机颜料，树脂的湿润性能较差，使用相对分子质量较低的含羧基的FEVE树脂进行漆浆的制造及使用湿润剂和分散剂则有助于提高树脂对颜料的湿润分散性能。

含氟聚氨酯涂料用于高耐候性场合，选用高抗粉化性的金红石型钛白及耐光、色牢度高的着色颜料是必要的。在清漆涂膜中使用紫外线吸收剂也有其特殊价值。这是因为 FEVE 树脂对 250 nm 以上的光波透过率极好。由于光吸收率低，其自身耐候性好，也正是由于这个缘故，透过的光对底材或下道涂层的破坏加剧，因此在含氟聚氨酯清漆中加入紫外线吸收剂加以阻止，对保护底材和下一道涂层具有实际意义。

12.3.3 涂膜的特点及用途

含氟聚氨酯涂料在耐候性、耐化学药品性、高耐腐蚀性、抗沾污性、耐冲刷性、耐盐雾性和高装饰性等方面，具有其他涂料无法比拟的综合优点。因此可以广泛应用于航天航空、桥梁车辆、船舶防腐和化工建筑等领域，是铝材、钢材、塑料、水泥、木材表面的防护和装饰涂料，具有广泛的用途。

12.3.4 FEVE 树脂的发展

12.3.4.1 单组分常温干燥低污染型含氟树脂

如上所述，当前可以在室温下固化的 FEVE 树脂涂料，都是双组分产品，且需要使用二甲苯等芳烃溶剂。为了进一步减少环境污染及方便施工，日本涂料株式会社在 FEVE 树脂基础上研发成功了可溶于 200# 油漆溶剂油中的单组分挥发干燥成膜的含氟树脂，其技术关键是合成了用含氟单体共聚的烷基乙烯醚加之最佳氟含量，树脂相对分子质量及 T_g 的控制达到了预期的目的，其涂膜性能基本达到了 FEVE 的水平，如表 12.2 所列。

表 12.2 涂膜性能比较

项 目	试验系数	单组分含氟树脂	FEVE 含氟聚氨酯	丙烯酸聚氨酯	外用丙烯酸涂料
耐候性	日光型老化机 5 000 h	87	90	15	10
保光率/%	QUV 4 000 h	84	88	10	8
光泽/%	60°	80	80	90	80
硬度	铅笔硬度	H	H	H	F
附着力	20 mm 间隔网胶带法	25/25	25/25	25/25	25/25

12.3.4.2 四氟乙烯四元共聚树脂

含氟树脂之所以具备以上所述的多种特殊性能，其主要原因之一就是分子结构中含有氟原子，提高氟含量可以提高其耐候性、防腐性、耐化学药品性、抗沾污性等性能。因此，日本大金株式会社研制成功了以四氟乙烯为主，同时含有羟基、羧基的烯烃和含 C—H 的烯烃进行四元共聚，得到含四氟乙烯质量分数达 50%，F 质量分数达 40% 的共聚树脂 GK-510。我国大连塑料研究所和阜新氟化学有限公司也于 1999 年研制成功，从而在 FEVE 基础上又迈进了一步。

总之，以 Teflon、PVDE 和 FEVE 三种含氟聚合物制成的含氟涂料，在国际上获得了长足发展，在国内也研制成功并得到日益广泛的应用。相信继续不断开拓创新，含氟涂料一定会作为综合性能优异的涂料产品之一得到更广阔的发展。

13 涂料施工方法

13.1 手工施工方法

手工施工方法包括刷涂法、擦涂发、刮涂法、滚涂法、丝网法、气雾罐喷涂法等。下面主要介绍一下刷涂法。

刷涂是人工利用漆刷蘸取涂料对工件表面进行涂装，适用于涂装任何形状的物件。除了初干过快的挥发性涂料（如过氯乙烯漆、硝基漆、热塑性丙烯酸漆等）外，可适用于任何涂料。刷涂法的优点是涂漆很容易渗透进金属表面的细孔，因而可加强对金属表面的附着力；缺点是生产率低、劳动强度大、装饰性能差，有时涂层表面留有刷痕。

13.1.1 刷涂原理

漆刷都有大量的刷毛，涂料就被容留在这些刷毛间的空隙里。当涂刷涂料时，压力能使涂料从这些刷毛间挤出来。漆刷向前移动将涂料层摊开，这样一部分涂料就涂装在表面上，另一部分则遗留在漆刷上。

当用漆刷刷涂时，湿漆膜表面的刷痕是由漆刷对湿膜施加作用力而产生的。这就要求涂料有足够好的流平性，以便刷痕在漆膜干燥前消失。低黏度的涂料能促进流平，但会增加流挂的可能性。触变性的涂料在涂刷后流动性降低，既能使涂料流平，又不会产生流挂。

13.1.2 涂料的选择

刷涂适用氧化聚合型涂料（油基涂料）、双组分涂料和热固性涂料。刷涂不适用于溶剂挥发性涂料，因为当刷涂已干的漆膜时，就会被新涂涂料中的溶剂重新溶起干漆膜，而使刷涂涂料的黏度骤然增加，产生严重的刷痕，甚至粘住漆刷。虽然从理论上说紫外线固化涂料也可以用于刷涂，但由于刷涂的漆膜平整性差、效率低，因此对于高档的紫外线固化涂料，这种涂布方法不经济。

13.1.3　刷涂工具

刷涂可采用各种漆刷：窄漆刷、宽漆刷，长柄漆刷、短柄漆刷。尼龙毛漆刷适合水性涂料，但碰到某些溶剂会发胀。猪鬃漆刷适合溶剂型涂料，但不适合水性涂料。聚酯毛漆刷对这两类涂料均可适用。现在有一种背负式的手泵装置，利用手泵打气，可将罐中的漆沿一软管压送到刷子上，在刷端装有控制阀，可通过手指控制供漆量。

13.1.4　刷涂施工

漆刷最先接触到工件的部分涂料是最多的，再刷别的地方时涂料就少了，因此必须重复刷，以将涂料刷匀，一个平面涂好后还应横向和竖向再刷一次，以防涂层流挂，尤其在刷涂垂直面时更应该注意。

刷涂时最适宜的温度是（25±5）℃。温度过高会造成漆膜面干燥加快，重涂时形成刷痕；温度过低，尤其在低于 10 ℃时，涂料黏度增大，难以刷匀，且容易产生流痕。

外表面形状复杂的零件或零部件采用的刷涂方法不是刷，而是戳。这时刷会使漆刷上的涂料被刮下来，造成堆漆或流挂，而戳更有利于对复杂凹凸面的涂布。

氧化聚合型涂料刷一道，不宜刷二道或二道以上，否则湿漆膜太厚，氧气进入不到漆膜的内部或底部，会造成涂层长时间不干。双组分涂料需要间隔 8 h 以上再刷第二道。

13.2　喷　涂

喷涂是将液体涂料全部雾化形成液滴，施工到工件表面，与其他涂料施工方法区别的核心是雾化。喷涂是工业上广泛应用的涂料施工方法，涂布速度比刷涂或手工滚涂快得多。喷涂适用于各种形状的工件，既可以喷涂于平面上，也适用于形状不规则的工件。目前在涂料施工中的喷涂方法，根据雾化原理主要分 4 种：① 空气喷涂；② 高压无气喷涂；③ 空气辅助无气喷涂；④ 静电雾化喷涂。

13.2.1　空气喷涂

空气喷涂是在 20 世纪初因汽车和家具行业涂装的需要而进入生产领域的，虽然涂料利用率不高，但设备简单，操作方便，迄今仍然是广泛应用的施工方法之一。

13.2.1.1　空气喷涂的原理和特点

空气喷涂是利用压缩空气作为动力，将涂料从喷枪的喷嘴中喷出，压缩空气的气流在喷嘴处形成负压，涂料自动流出并在压缩空气气流的冲击混合下被充分雾化，漆雾在气流的带动下射向工件表面沉积，形成均匀的涂膜。

空气喷涂时，涂料的雾化颗粒越细，雾化效果及漆膜外观质量就越好。雾化程度可以用以下公式表示：

$$d = (3.6 \times 10^5/Q)^{0.75}$$

式中　　d——漆雾颗粒的平均粒径，μm；

　　　　Q——空气耗量与出漆量的比值。

当 Q 较小时，空气耗量与出漆量的比值对雾化效果影响很大，提高空气耗量或降低出漆量将明显改善雾化效果。增加空气量可通过提高空气压力来实现，但更高的空气压力会使漆雾飞散更严重，因为压缩空气在工件表面的反冲作用增大，使细小的漆雾颗粒"反弹"更严重，涂料损失更多。由于喷涂用的压缩空气是与涂料一起喷向被涂物的，当压缩空气中有油和水时，就会在漆膜上产生缩孔，因此喷涂用的压缩空气必须无油无水。

空气喷涂最初是为快干涂料开发的一种涂装方法，快干涂料的刷涂性能差，采用喷涂方法很容易涂布，而且空气喷涂设备简单，操作容易，维修方便。

13.2.1.2　空气喷涂装置

如图 13.1 所示，空气喷涂装置包括：喷枪；压缩空气供给和净化系统（油水过滤器、贮气缸、空气压缩机），供给清洁、干燥、无油的压缩空气；输漆装置（涂料加压缸、涂料加压缸内桶），贮存涂料，并连续供漆；胶皮管；喷漆室，室内温度 18～30 ℃，相对湿度小于 70%。喷漆岗位还需要备有除尘空调供风系统、排风清除漆雾的设施等。

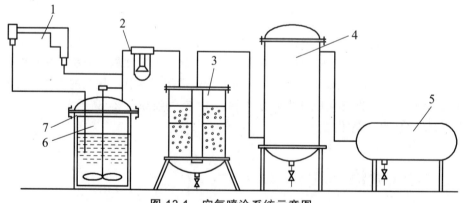

图 13.1　空气喷涂系统示意图

1—喷枪；2—二级油水分离器；3—一级油水过滤器；4—贮气缸；
5—空气压缩机；6—加压缸内桶；7—涂料加压缸

13.2.1.3　空气喷涂的操作方法

喷漆施工的质量主要取决于涂料的黏度、工作压力、喷枪与被涂面的距离，以及操作者的技术熟练程度。掌握正确的操作方法是获得光滑、平整、均匀一致涂层的保证。

1）喷枪准备

首先选择喷枪并调整到合适的工作条件，如选择好喷枪的类型、喷嘴口径、喷雾图样等。涂料喷出量大的喷枪，其喷雾图样也大。通过喷雾图样调节装置可将喷雾图样从圆形调到椭圆形。由于椭圆形涂装效率高，应用于大物件和流水线涂装。圆形喷涂一般应用于较小的被涂物和较小面积上的涂装。

2）喷涂压力

空气压力过高，雾化虽细，但涂料飞散多，损失大；反之，若压力不足，喷雾变粗，漆膜产生橘皮、针孔等缺陷。在达到要求的条件下，压力应尽可能低。

雾化程度通常靠观察刚喷的湿漆膜的干湿来判断，过干表明雾化过度，过湿表明雾化不充分，尤其漆膜是带麻点的粗糙面时，就表明雾化程度太差。

3）喷涂距离

喷枪与被涂物表面的距离太近，湿漆膜太厚，易产生流挂、橘皮等现象；距离太远，漆膜变薄，涂料损失大，漆膜易脱落，而且漆膜不平整，严重时大大降低光泽。

4）喷枪运行

喷枪要匀速运行，且与被涂物表面呈直角。喷枪的移动要求速度恒定适中，当运行速度过低时，漆膜太厚，易产生流挂；当运行速度过大时，漆膜太薄，不易流平。如果喷枪呈圆弧状态运行或不垂直于被涂物体表面，漆膜厚度将不均匀。开关枪时不应朝向工件，即使喷枪 0.1 s 的停顿也会造成严重的流挂。

5）喷雾图案搭接

喷雾图案中间厚，外围薄。喷涂幅度的边缘应当在前面已经喷好的幅度边缘上重复，圆形搭界 1/2，椭圆搭界 1/3，扁平搭界 1/4，而且搭界的宽度应保持一致。如果搭界宽度多变，膜厚不均匀，可能产生条纹或斑痕。在喷涂第二道时，应与前道漆膜纵横交叉，即若第一道采用横向喷涂，第二道就应采用纵向喷涂。

喷涂顺序为：先内表面，后外表面；先次要面，后主要面。最注目的地方放在最后喷，可防止涂层的喷毛和擦伤，以确保注目面的外观。这是因为已经干燥的漆膜表面再有少量漆雾颗粒喷上时，这些漆雾颗粒不能流平。

6）涂料准备

涂料应在喷涂前准备妥当。原桶装的油漆必须搅拌均匀，使用前涂料需过滤。双组分涂料应混合均匀，有半小时的活化期。涂料黏度需用稀释剂调整。黏度过大，雾化不好，漆膜粗糙无光；过稀，则产生流挂。涂料的黏度越大，涂料喷出量就越少。适宜的涂料黏度为16～35 s，不同的涂料喷涂黏度也有差别。装入贮漆罐时，不要过满，以 2/3 为宜，把松紧旋钮拧紧。

13.2.1.4　空气喷涂的特点

空气喷涂的特点为：① 涂装效率高，尤其适用于大面积涂装；② 正确操作，空气喷涂能够获得美观、平整、均匀的高质量涂膜；③ 适应性强，对缝隙、小孔及倾斜、曲线、凹凸等各种形状的物体表面部位均可施工，而且各种涂料和各种材质、形状的工件都适用，不受场地限制（但环境中不允许有灰尘，需要有电源），特别适合快干涂料的施工。

与其他喷涂方法相比较，空气喷涂有两个突出的优点：① 适应性强。可以喷涂各种各样的涂料，很容易操作和维护，配件也易购买。② 可调控性。有经验的操作者能够控制喷涂图案，从一个细小的斑点状到生产上应用的各种大的图案，不必更换喷枪和喷嘴就能进行大面积或小面积喷涂。雾化程度可以调控，能达到手工喷涂中可以达到的最细的雾化程度。

空气喷涂法的缺点是要求涂料黏度低，所以稀释剂用量大。有机溶剂大量挥发，污染作业环境，作业环境必须有良好的通风设施。因此，为在喷涂中能够使用高黏度的涂料，减少有机溶剂的用量，发展了高压无气喷涂方法。另外，空气喷涂法涂料损耗大，涂料利用率最高仅达到 50% ~ 60%，小件只有 15% ~ 30%，飞散的漆雾造成作业环境空气恶化。为提高涂料的利用效率，发展了静电喷涂的方法。

13.2.2　高压无气喷涂

20 世纪 50 年代中期，高压无气喷涂机在美国得到迅速发展并被广泛应用。50 年代末期，日本引进了高压无气喷涂机的制造技术，后成为负有盛名的高压无气喷涂机制造国。60 年代中期，我国研制成功高压无气喷涂机，并迅速得到应用。

13.2.2.1　高压无气喷涂的原理和特点

"无气"就是"无空气"，这里指的是空气不起雾化作用，"高压"起雾化作用。

高压无气喷涂是使涂料通过加压泵被加压，通过特制的硬质合金喷嘴喷出。当高压漆流离开喷嘴到达大气后，随着冲击空气和高压的急剧下降，涂料中的溶剂剧烈膨胀而分散雾化，射到被涂物件上。高压无气喷涂与空气喷涂的主要区别在于压力大，没有压缩空气所带来的油、水、灰尘等，而且喷射力强。

高压无气喷涂具有如下特点。

1）喷涂效率

高压喷枪喷出的完全是涂料，喷涂流量大，施工效率约是空气喷涂的 3 倍。超高压无空气喷涂设备最多可供 12 支喷枪同时操作。

2）涂料回弹少

空气喷涂机喷出的涂料含有压缩空气，因此碰到被涂物表面时会产生回弹，漆雾又会飞散，而高压无气喷涂喷出的漆雾因没有压缩空气，所以没有"回弹"现象，减少了因漆雾飞散而造成的喷毛，提高了涂料的利用率和漆膜的质量。

3）可喷涂高、低黏度的涂料

由于涂料的输送与喷射是在高压作用下进行的，可以喷涂高黏度的涂料。选用压力比较大的无气喷涂机，甚至可以喷涂无流动性的涂料或含有纤维的涂料。由于可以喷射黏度高的涂料，涂料的固体分高，一次喷涂的涂层比较厚，能够减少喷涂次数。

4）形状复杂工件适应性好

由于涂料的压力高，能进入形状复杂工件表面的细微孔隙中。涂料在喷涂过程中不会混入压缩空气中的油水和杂质等，消除了因压缩空气含有水分、油污、尘埃等引起的漆膜缺陷，即使在缝隙、棱角处也能形成良好的漆膜。

高压无气喷涂的不足：

高压无气喷涂的漆雾液滴直径约为空气喷涂的 3 倍，漆膜质量比空气喷涂的差，不适用于薄层的装饰性涂装；操作时喷雾的幅度和喷出量不能调节，必须更换喷嘴才能达到调节的目的；喷漆的速率非常高，需有保护措施。

13.2.2.2　高压无空气喷涂装置和设备

无空气喷涂装置的类型一般有以下 3 种：① 固定式，应用于大量生产的自动流水作业线上；② 移动式，常用于工作场所经常变动的地方；③ 轻便手提式，常用于喷涂工件不太大而工作场所经常变换的场合。

13.2.2.3　高压无气喷涂的方法及技巧

1）喷涂压力和流量

对某一型号的无气喷涂设备，当使用的涂料黏度不变、输入的压缩空气压力一定时，流量增大，喷涂压力降低。当输入的压缩空气的压力升高时，喷涂压力和流量便相应增加。

2）涂料黏度与喷涂压力

黏度越高，施工时需要的喷涂压力越大。各种涂料的施工说明书上都注明了涂料的黏度和无气喷涂施工所需的压力比。一般低黏度涂料的压力比选择 23：1 和 32：1，而高固体分涂料的施工压力比一般在 45：1 左右。

3）喷嘴的选择

涂料喷出量与喷嘴口径、涂料压力和涂料密度有下列关系：

$$Q = kd^2(p/s)^{1/2}$$

式中　Q——涂料喷出量，L·min^{-1}；

　　　d——喷嘴口径，mm；

　　　p——涂料压力，MPa；

s——涂料密度，$g \cdot cm^{-3}$；

k——常数。

喷涂前应选择一定孔径和形状的喷嘴，喷嘴的孔径决定了流量的大小，喷嘴的形状则决定了喷雾的幅度。对于黏度较高、所需施工面积较大的涂料，应选择孔径较大的喷嘴。要获得较薄的涂层，应选小孔径喷枪。高压喷涂非常适合于防腐蚀涂料和高黏度涂料的施工。

虽然提高涂料压力能增加涂料喷出量，但完全依靠涂料压力来大幅度调高喷出量是不可取的，这会降低设备的使用寿命。当达到所要求的雾化效果时，应使用最低的喷涂压力，以延长喷嘴的使用寿命。最好的调高喷出量的方法是更换较大孔径的喷嘴。

4）喷射幅宽

喷涂时喷枪与被涂表面垂直，喷流的幅宽 8～75 cm，喷流的射角 30°～80°。在喷涂大平面时，选定喷流幅宽为 30～40 cm，物件较大、凹凸表面的大量涂装选用 20～30 cm，一般小物件选用 15～25 cm。相同的喷幅宽度，孔径越大，成膜越厚；相同的喷嘴孔径，喷幅宽度越大，成膜越薄。

5）喷枪操作

喷枪应与工件相距 30～40 cm。喷枪应以合适的速率均匀移动，并与工件表面平行，以免产生流挂和涂层不匀。喷枪与物面的喷射距离和垂直角度由身体控制，喷枪的移动同样要用身体来协助肩膀移动，不可移动手腕，但手腕要灵活。

每一道喷漆作业就在前一道喷漆作业上搭接约 50%，以便获得完整、均匀的涂层。喷拐角时，喷枪可对准拐角的中心，以确保两侧能得到均匀的喷涂。喷涂时先水平移动，然后再垂直移动，如此有利于涂层完整覆盖，减少流挂。每次喷涂时应在喷枪移动时开启和关闭喷枪扳机，以免工件表面过多的涂料堆积而流挂。

几乎所有涂料都可以采用高压无气喷涂，非常适合防腐蚀涂料和高黏度涂料。高压无气喷涂技术促进了触变性厚浆涂料的发展和应用，重防腐蚀场合要求的漆膜厚度数百微米，用厚浆涂料容易达到厚度要求。

13.2.3　静电喷涂

空气喷涂和高压无气喷涂都存在涂料利用率低的问题。静电喷涂技术就是为提高涂料的利用率而开发的，是 20 世纪 60 年代兴起且被大力推广的技术，具有高效率、高质量、环保、自动化的特点。静电喷涂又称为高压静电喷涂，是利用高压电场的作用，使漆雾或粉末带电，并在电场力的作用下吸附在带异性电荷的工件上的一种喷漆方法。静电喷涂的应用范围从大型的铁路客车、汽车、拖拉机，到小型的工件、玩具以及家用电器等，是目前家用电器如电冰箱、洗衣机、电风扇等的重要涂装手段。

13.2.3.1　静电喷涂的原理和特点

在静电喷涂施工中，几乎都将电喷枪体作为阴极，被涂工件作为阳极。这是因为阴极放电的临界电压低、不容易产生电火花，生产较安全。高压静电发生器产生的负高压加到喷枪上有锐边或尖端的金属放电电极上，依靠电晕放电，放电电极的锐边或尖端处激发产生大量电子，形成一个电离空气区。工件（带正电）接地，使阴电极与工件之间形成一个高压静电场。喷枪产生的漆雾进入该电离空气区。涂料漆雾微粒与带负电荷的空气分子发生接触而获得电子，成为带负电荷的漆雾微粒，并进一步雾化。这些带负电荷的漆雾微粒在电场力和惯性作用下，迅速移向工件的表面，成为湿漆膜，经过干燥，形成一层牢固的涂膜。

静电喷涂有如下优点：① 由于漆雾很少飞散，可大幅度提高涂料的利用率，涂料利用率可达 80%～90%；② 适用于大批量流水线生产，能成倍地提高劳动生产率，而且改善了施工劳动条件；③ 涂料微粒带负电荷，在相互引力作用下被吸附到工件上，形成的涂膜均匀丰满、附着力强、装饰性好、耐磨性优良，提高了涂膜的质量。

静电喷涂的不足在于：由于静电屏蔽作用，不适于喷涂复杂形状的工件，因为工件凹陷部位不易涂上漆。对所用涂料和溶剂有一定的要求，尤其是涂料的电性能。由于使用高电压，发生火灾的危险性较大，必须具有可靠的放电安全措施。

静电喷涂方法可以很方便地组成连续的生产流水线，也可与电泳涂装配套应用，即以电泳涂装法涂底漆，再以静电喷涂法涂面漆，并实现涂装作业的连续化、自动化。这种配套施工已在汽车制造业和自行车制造业中采用。

13.2.3.2　静电喷涂涂料

降低静电喷涂的过喷损失，赋予良好的环抱效应，需要漆雾微粒多带负电荷，而漆雾微粒的荷电性能又受涂料电阻率的控制。如果电阻率太低，那么漆雾微粒就不会从电离空气中带上充足的电荷。所用涂料应该容易带电，在静电场中雾化好，黏度低，固含量高，粒度细。溶剂型涂料的电阻率一般在 5～50 MΩ·cm 较为适宜。

如果电阻过高，可适当添加低电阻的溶剂，如二丙酮醇、甲乙酮、乙酸乙酯、乙酸丁酯等。酮类与醇类的导电性最好，酯类次之，烃类差。对只有烃类溶剂，特别是脂肪族烃类的涂料难带上充足的电荷，需要用硝基烷烃或醇类溶剂取代一部分烃类。

降低电阻需要加入大量的极性溶剂，可改用加入很少量的季铵化合物（以 80% 丁醇溶液的形式使用），就可获得很低的电阻，而且对漆膜性质（均匀性、总体外观、硬度、防腐蚀性等）影响极小。季铵盐与多数涂料相溶，不必改变涂料配方，在涂料中能够快速溶解，不会造成漆膜泛黄。

涂料的黏度要适中，黏度越高，喷涂效果越差。在不影响涂装质量的前提下，黏度应尽可能高些，以提高固体分，增进漆膜的光泽和丰满度。

涂料中树脂是主要的成膜物质，各种树脂和溶剂的带电能力不同，如三聚氰胺甲醛树脂的导电性比较好，醇酸树脂次之，环氧树脂较差。目前，国内已经广泛使用的静电喷漆有硝基、过氯乙烯、氨基、沥青、丙烯酸漆等品种。

13.2.3.3　静电喷涂设备

静电喷涂的主要设备是静电发生器和静电喷枪。附属设备有供漆系统、传送装置、烘干设备以及给漆管道、高压电缆等。图 13.2 给出空气雾化静电喷涂的示意图。

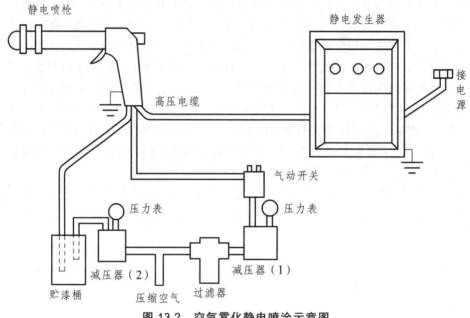

图 13.2　空气雾化静电喷涂示意图

13.2.3.4　静电喷涂工艺

根据被涂物的形状、大小、生产方式、涂装现场的条件、所用涂料品种、漆膜质量要求等因素选择和设计好静电涂装设备的前提下，为保证良好的涂装效率，在涂装过程中，如下几个工艺参数影响涂装质量。

1）静电场的电压

电压高，涂覆效率就高，即涂料的利用率高。 提高电压，涂料利用率虽有所提高，但对设备的绝缘性能要求提高，投资也大，并不经济。 一般固定式采用 80 ~ 90 kV，手提式 60 kV。

2）工件悬挂

在工件转动或爬坡运行相互不碰撞的原则下，尽量缩短挂具间的距离，可降低涂料的损耗。工件距离地面和喷漆房传送带的距离至少在 1 m 以上。工件距离地面过近会使雾化涂料部分吸向地面。工件距传送带过近会使传送带滴漆，影响产品质量，降低涂覆率。

3）静电喷枪的布置

在同时使用几只静电喷枪喷涂时，喷枪之间的距离十分重要，应以两支电喷枪的漆雾喷流及其图案不相互干扰为原则，因为带同性电荷的漆雾相遇会产生相斥，使漆雾乱飞，影响涂布效率和漆膜质量。因此，两支喷枪的距离至少要有 1 m。

在喷枪的对面，安装上用漆包线绕成的电网，并把电网接上负的高电压，大部分穿过工件的漆雾接近电网时被弹回工件，但电网与喷枪不宜太近。

13.2.3.5　静电涂装设备的维护和安全措施

（1）涂装作业完成后，应用棉纱蘸溶剂将放电极擦拭干净，定期清洗喷嘴及内部，但严禁将内部装有保护电阻的喷枪浸在溶剂中。

（2）电喷枪的高压部位、高压电缆等高电压系统离接地物体的距离，应保持在大于该产品制造厂所指定的间隔距离。

（3）涂装室内所有物件都必须良好地接地，工件接地是涂装的必备条件，要求大地与被涂物之间的电阻值不得超过 1 MΩ。但喷涂导电性涂料，采用整个系统绝缘喷漆方式时，输漆系统不能接地。

（4）进入涂装室内人员必须穿导电鞋，操作手提式静电喷枪时须裸手。

（5）涂装室内不应积存废涂料、废溶剂，地面清洁。喷漆室内的电灯应为防爆式或罩灯式。

（6）涂装作业停止，应立即切断高压电源。

13.3　喷漆室

喷漆室是涂装作业的场所。在喷涂过程中，若不及时排除飞散的漆雾和挥发的溶剂，会影响被涂表面的质量，危害操作工人的健康，易产生火灾、爆炸的危险。

喷漆室将飞散的漆雾、挥发的溶剂限制在一定的区域内，并进行过滤处理，确保环境中的溶剂浓度符合劳动保护和安全规范的要求。一般配置给排风系统，在喷漆室中形成一定的风速，将漆雾和挥发出的溶剂带走。手工喷漆室风速为 $0.4 \sim 0.6 \ \mathrm{m \cdot s^{-1}}$，自动静电喷漆区为 $0.25 \sim 0.3 \ \mathrm{m \cdot s^{-1}}$。带有过滤送风装置的喷漆房还能确保室内达到高度净化，如无人入内的机器人无尘喷漆房。喷漆室内应具备良好的照明和适宜的温度，有足够的灭火、防爆器具，确保工作人员和设备的安全。

喷漆室属非标准设施，随着生产形式、产量、产品尺寸不同而各异，按其生产情况可分为连续生产和间歇生产。

连续生产的喷漆室为通过式，用于大批量工件的连续喷涂，通常由悬挂输送机、表面处理设备、喷涂设备和烘道等组成喷漆生产线。

间歇生产的喷漆室可分为台式、死端式和敞开式。台式是把工件直接放到位于喷漆室内转盘的台上进行喷漆，适宜于较小工件。死端式和敞开式都是将工件放到台车或单轨吊车上，送入喷漆室内。与敞开式相比，死端式开口较小，一般只有一个工件进口，封闭较好，但室体不宜做得过大，用于中小型工件的喷涂。敞开式喷漆室只有送风、抽风和漆雾过滤装置，而无室体，用于大型工件（如车厢）的喷涂。

喷漆室按气体流动的方向分为横向抽风、纵向抽风和底部抽风三种类型。横向和纵向抽风的气体流动与工件的移动方向处于同一平面，底部抽风与工件移动方向垂直。

13.4 其他机械施工方法

浸涂主要适用于小型的五金零件及结构比较复杂的器材或电气绝缘材料等的涂装；淋涂主要用于平面材料的涂装；辊涂适用于织物、卷材、塑料薄膜、纸张等的涂装。它们可与机械化、自动化生产配套进行连续生产，最适宜单一品种的大量生产。

13.4.1 浸 涂

浸涂就是将被涂物浸没于涂料中，然后取出，让表面多余的漆液滴落，除去过量涂料，干燥后形成涂层。

13.4.2 淋 涂

淋涂也称流涂或浇涂，是将涂料喷淋或流淌过工件表面。淋涂是浸涂法的改进，虽然淋涂需增加一些装置，但适用于大批量流水线生产方式，是一种比较经济和高效的涂装方法。

13.4.3 辊 涂

辊涂是利用蘸有涂料的转动辊筒在工件表面涂覆涂料的施工方法。辊涂适用于平面状金属板、胶合板、纸张的涂布，尤其适合于金属卷材的高速涂装。

主要参考文献

[1] MUNGER C G. Corrosion Prevention by Protection Coatings. 1984.

[2] PRARNOD K. Pain&resin. 1992.

[3] ERKAL F S，ERCIYE A T，YAGCI Y. Journal of Coatings Technology，1993，65(827)：37.

[4] [美]WICKS Z W 等. 有机涂料科学和技术. 经桴良，姜英涛，等，译. 北京：化学工业出版社，2002.

[5] 孙兰新，等. 涂装工艺与设备. 北京：中国轻工业出版社，2001.

[6] 杨春晖，等. 涂料配方设计与制备工艺. 北京：化学工业出版社，2003.

[7] 武利民. 涂料技术基础. 北京：化学工业出版社，1999.

[8] 武利民，等. 现代涂料配方设计. 北京：化学工业出版社，2000.

[9] 耿耀宗. 涂料树脂化学及应用[M]. 北京：中国轻工业出版社，1993.

[10] 王詠厚. 涂料配方原理及应用. 成都：四川科学技术出版社，1987.

[11] 穆锐. 涂料实用生产技术与配方. 南昌：江西科学技术出版社，2002.

[12] 郑顺兴. 涂料与涂料科学技术基础. 北京：化学工业出版社，2007.

[13] 刘国杰. 超耐候性的氟树脂涂料. 第四届中西部涂料与涂装技术信息交流会论文集，郑州，2001.

[14] 程启潮，等. 我国氟碳涂料的现状与思考. 现代涂料与涂装，2001.

[15] 向斌，杨永锋，韦奉. 高固体分涂料的应用及发展趋势[J]. 现代涂料与涂装，2007，10（10）：40-47.